更多学习工具如何获取？

添加助教微信，进入备考交流 QQ 群，获得三大社群备考 buff！备考过程中需要的陪伴、交流、解惑都能在这里解决。

Buff 1　最新政策、资讯解析分享

你负责闷头学，我负责收集情报。

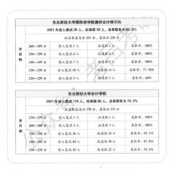
最新的考研资讯

择校信息分享　　　**最新招生院校分数线**

Buff 2　电子版资料

把纸质书装进电脑、iPad 里，携带更方便、使用更自由。

数学/逻辑公式技巧手册(电子版)

管综+英语二10年真题(电子版)

Buff 3　免费增值课程第一时间听

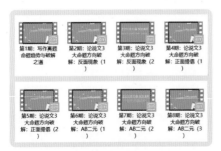
▲ 8期《老吕写作33篇》

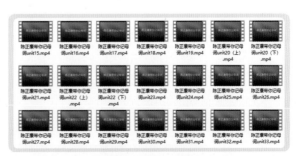
▲ 36期《康哥带你记母词》

Buff 4　更多研友良性交流

1、学霸笔记分享

跟学霸一起复习，成绩提升立竿见影。

2、公益模考

全年不定期不低于4次公益模考

3、群内答疑，教学相长

复习、打卡、鼓气，一起上岸。

4、每日一题+实时备考规划

逻辑每日一题/数学每日一题，每天提升一小步，成绩提升一大步。

管理类联考

老吕数学

要点精编

主编 ◎ 吕建刚　　副主编 ◎ 罗瑞

编委：刘晓宇

基础篇

全新改版升级

北京理工大学出版社

BEIJING INSTITUTE OF TECHNOLOGY PRESS

图书在版编目（CIP）数据

管理类联考·老吕数学要点精编/吕建刚主编．--
8 版．--北京：北京理工大学出版社，
2021.10（2022.1 重印）

ISBN 978 - 7 - 5763 - 0603 - 3

Ⅰ.①管…　Ⅱ.①吕…　Ⅲ.①高等数学-研究生-入
学考试-自学参考资料　Ⅳ.①O13

中国版本图书馆 CIP 数据核字（2021）第 215804 号

出版发行 / 北京理工大学出版社有限责任公司
社　　址 / 北京市海淀区中关村南大街 5 号
邮　　编 / 100081
电　　话 /（010）68914775（总编室）
　　　　　（010）82562903（教材售后服务热线）
　　　　　（010）68944723（其他图书服务热线）
网　　址 / http：//www. bitpress. com. cn
经　　销 / 全国各地新华书店
印　　刷 / 保定市中画美凯印刷有限公司
开　　本 / 787 毫米×1092 毫米　1/16
印　　张 / 35　　　　　　　　　　　　　　　　　　责任编辑 / 多海鹏
字　　数 / 821 千字　　　　　　　　　　　　　　　文案编辑 / 多海鹏
版　　次 / 2021 年 10 月第 8 版　2022 年 1 月第 2 次印刷　责任校对 / 周瑞红
定　　价 / 99.80 元（全两册）　　　　　　　　　　　责任印制 / 李志强

每份努力都值得

现在是凌晨三点，刚刚写完《老吕逻辑要点精编》的最后一个字，我抬头看看窗外，一弯新月遥挂空中，几点星光若隐若现。偌大的一栋写字楼，空无一人，除了我。这样静谧的夜色，会让人想起很多。

二十年前。

我在武汉大学读书的时候，学校里有两位非常受学生欢迎的老师，一位是教西方哲学史的赵林教授，一位是我的经济学老师程虹教授。

那时候，赵林教授是武大辩论队的主教练，口才一流、学识渊博。每周一晚上，他在学校当时最大的教室（教三101室）开讲他那门最受欢迎的选修课——西方哲学史。我也凑热闹，听了几节课，不过说实话没听懂几句。一是课上讲了好多外国人的名字，太难记；二是那些抽象的哲学思想，难理解。尽管如此，赵老师上课的场景直到现在仍犹在眼前：从各校区慕名而来的同学挤满了教室，讲台边、过道里，坐着的、站着的，满满当当，人山人海。

程虹教授的名字像个女生，但却是位温文尔雅的男教授。程教授是我们的经济学老师，他的经济学课，既能把高深的经济学理论讲得通俗易懂，又能结合商业案例进行分析。我们班多数同学都是他的迷弟迷妹，我也不例外。当然，程教授不可能认识我，班上同学太多了，我只是其中最平凡的一个。

两位优秀的老师让我一下子找到了人生理想——我要成为大学里一位最受欢迎的教授，用学生们最喜欢的方式传授知识。

大三时候的我，为了这份理想，信誓旦旦地说我要考上北大的研究生。但是，复习了不到3天，就把书置之一旁，这份理想变成了空想。毕竟，努力学习多累呀，玩游戏比学习更加快乐，不是吗？

十五年前．

这一年，我经历了一次严重的创业失败．

可能是因为第一次创业，太顺利了，顺利到我一边创业买房买车，还一边考上了研究生．又因为自己那个成为名教授的理想，还兼职成了一位考研讲师．总之我觉得创业太容易了，于是头脑一热，和一位朋友开了一家在线超市，比天猫超市差不多早两年．

回头想来，这次创业完全不具备任何成功的可能性——自身能力不足、资源有限；外部环境也还不成熟．这次创业让我负债累累，但我特别感谢这次失败．

这次失败之前，我最专注的时候，就是玩网游的时候．上大学时，我本来可以保研的，但因为沉迷了几个月的网游，导致有一门专业课挂科，所以保研失败了；大学毕业后，曾经有过近一年的时间，我迷恋于魔兽世界之中，常常为了开荒魔兽世界的副本而彻夜不眠．

这次失败之后，我成了一个极为勤奋的人．我发现老天爷又给了我一次机会，他给了我一份我喜欢而且我也能干好的工作，讲课不再是我的爱好和理想，而是一份实实在在的职业．当又一次机会摆在面前的时候，我能不珍惜吗？我敢不努力吗？

于是，我立志成为中国最好的讲师．

十年前．

那时，我还是考研培训界一个寂寂无名的小辈，没有名气，只有勤奋．我记得那一年我出差了近300天，不是在出差，就是在出差的路上．但是我想写书，想写出自己的书，于是我只能在火车上写、在酒店里写，没课时白天写，有课时晚上加班写．那一年我每天都工作到晚上12点左右，没有一天休息．

一年过后，我写出了3本书，其中有2本书的完成稿和1本书的初稿．但是，出版商拒绝出版，理由是我名气不够．

第二年，我又疯狂写了一年，又是白天写、晚上写，又是路上写、酒店里写．三百多个日夜后，我又写出了3本书，加上去年的3本，形成了最早的"老吕专硕"系列图书．这一年，经一位朋友的推荐，在北京理工大学出版社编辑的帮助下，"老吕专硕"系列图书得以出版．可惜的是，由于出版进度的原因，6本书在当年只出版了4本．唉，"满纸荒唐言，一把辛酸泪．都云作者痴，谁解其中味？"

一年又一年……

近十年来，我几乎没有过周末。一年有大约三百三十天到三百四十天，我都是早上 9 点之前到公司，晚上 10 点左右回家。没有任何疑问，我就是全公司最勤奋的人。

可能很多作者的书写完以后，就可以一年又一年地复印了，但我坚持图书每年改版。最近半年，我重写了《老吕写作要点精编》80%的内容，更新了《老吕逻辑要点精编》70%的内容，新增了《老吕数学要点精编》近 100 页的母题技巧。尤其是最近两个月，为了赶书稿，我每天工作 12 个小时以上。

累吗？
累。
苦吗？
不觉得，我乐在其中吧。

驱动我不停前进的力量，我觉得是责任感和成就感吧。

首先是责任感。一个考研学生买了我的书，其实不仅仅是花了几十块上百块钱，而是要在这套书上付出半年甚至一年的努力。他是把自己的未来，或者至少是自己未来的一小部分寄托在了这套书上。如此沉重的托付，让我时有任重才轻之感，让我战战兢兢、如履薄冰。即使水平不高、能力有限，也得贡献出自己最大的力量吧。所以，这么一份职业，敢不努力吗？

其次是成就感。老师这个职业真的太好了，既能成就别人，又能养家糊口，讲好课还是我的理想和爱好，上天真心待我不薄！所以，当一本一本的书摆在我面前时，当一张又一张的好成绩截图发给我时，当一份又一份录取通知书接踵而至时，成就感油然而生。所以，这么一份职业，不值得努力吗？

回想年轻时候的我，和你们一样，不光逃课、打游戏，还会逃课打游戏。现在，四十岁的我，终于懂得了每份努力都有它的价值。我愿意把自己这些小小的奋斗经历分享给大家，因为我知道，考研不是我一个人的事，也不是你一个人的事，是我们要一起努力的事。

让我们一起努力，
好吗？

好了，啰嗦半天了，言归正传，接下来我要给你介绍一下"老吕专硕系列"图书的体系、特点以及你应该怎么用这些书．

1 **"老吕专硕"系列图书的适用范围**

"老吕专硕"系列图书适合 199 管理类联考的所有考生．具体专业如下：

考试	专业
199 管理类联考	工商管理硕士（MBA）、公共管理硕士（MPA）、工程管理硕士（MEM，含四个方向：工程管理、项目管理、工业工程与管理、物流工程与管理）、旅游管理硕士（MTA）、会计硕士（MPAcc）、审计硕士（MAud）以及图书情报硕士（MLIS）

2 **"老吕专硕"系列图书的体系**

"老吕专硕"系列图书，是以最新考试大纲为准绳，以近 10 年联考真题为依据编写的．建议你认真阅读本书的"大纲解读与命题趋势分析"部分，以便了解考试内容和命题趋势．

"老吕专硕"系列图书包括联考教材、母题专训、真题精解、冲刺押题四大体系，涵盖从基础到提高到冲刺的全过程．

"老吕专硕"系列的体系及使用阶段如下：

图书体系	书名	内容介绍
联考教材 （第 1 轮）	《老吕数学要点精编》 《老吕逻辑要点精编》 《老吕写作要点精编》	①本套书是必做教材，是备考的起点． ②数学和逻辑分基础篇和母题篇 2 个分册．基础篇从零起步，讲解大纲规定的所有基础知识；母题篇归纳总结为 101 类数学题型、26 类逻辑题型，囊括所有考点，教你做一道会一类． ③写作分论证有效性分析、论说文和技巧总结 3 个分册，手把手教你学会写作套路、提供写作素材．
母题专训 （第 2 轮）	《老吕数学母题 800 练》 《老吕逻辑母题 800 练》	①本套书是对"母题"的强化训练． ②与"要点精编"一脉相承，用来总结题型、训练题型．
真题精解 （第 3 轮）	《老吕综合真题超精解》（试卷版） 《老吕写作 33 篇》（真题精讲版）	以考试大纲为依据、以官方答案为标准，详尽细致解析历年真题．

续表

图书体系	书名	内容介绍
冲刺押题 （第 4 轮）	《老吕综合冲刺 8 套卷》 《老吕综合密押 6 套卷》 《老吕写作 33 篇》（考前背诵版）	①紧扣最新大纲，精编全真模考卷，适合冲刺阶段提分使用． ②回归母题，查漏补缺，冲刺拔高． ③密押 6 套卷＋写作 33 篇，具有考前押题性质．近 10 年 8 次押中写作论说文；基本囊括数学逻辑原型题．

注意："老吕专硕"系列图书有统一的母题编号，针对薄弱考点，可查看母题编号，回归"要点精编"（母题篇）作总结，回归"母题 800 练"做练习．

③ "老吕专硕"系列图书的备考思路

如果我们只看题目，联考的总题量是非常大的，比如仅逻辑一科，历年真题就有 1 500 多道，但如果我们分析这些题目的内在逻辑，对其分门别类进行总结，则这些逻辑题型只有 26 类．同理，数学题型只有 101 类，论证有效性分析有 6 大类 12 种常见题型，论说文只有 3 大类 33 个常见主题．

因此，老吕的教研体系的核心就是找到这些题目的内在规律，找到题源、题根，把它化成可以被重复使用、重复命题的"母题"．那么，何谓"母题"？"母题者，题妈妈也；一生二，二生四，以至无穷．"

有一些不了解老吕的学生误以为母题就是指《老吕数学母题 800 练》和《老吕逻辑母题 800 练》这两本书，甚至因此忽略了最关键的"要点精编"系列教材和独创性、实用性非常强的"老吕写作"系列图书．其实，母题是一套完整的考研解决方案，是一套系统化的解题逻辑．它始于"联考教材"，终于"冲刺押题"．这一套备考逻辑的思路如图 1 所示：

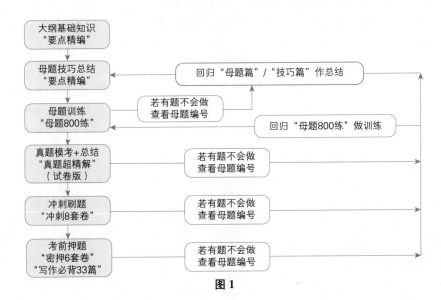

图 1

④ 配套课程或赠送课程

书名	适用人群	配套或赠送课程
《老吕逻辑要点精编》	管理类、经济类联考所有专业	基础班课程：配套"基础篇"，精讲每个知识点、每道例题、每道习题、每个选项，巩固基础知识，建立扎实基本功。
《老吕数学要点精编》	管理类联考各专业	母题班课程：配套"母题篇"，精讲每个母题、每个变化、每个技巧、每道习题、每个选项，掌握系统解题方法，全面提高解题能力。
《老吕写作要点精编》	管理类、经济类联考所有专业	论证有效性分析写作技巧精讲： 一、大纲解读与真题样题 二、全文结构 三、正文写法的三级进阶 论说文写作技巧精讲： 一、大纲解读与命题类型分析 二、1342 写作法

⑤ 交流方式

备考过程中有什么疑问，可以通过以下方式联系老吕．由于学员众多，老吕并不能保证 100％回复．但老吕在力所能及的范围内，还是会做大量的回复的．

微博：@老吕考研吕建刚-MBAMPAcc

微信：lvlvmba　　　lvlvmpacc

微信公众号：老吕考研（MPAcc、MAud、图书情报专用）

　　　　　　老吕教你考 MBA（MBA、MPA、MEM 专用）

199 管理类联考备考 QQ 群：798505287　173304937　799367655　747997204　797851440

最后，老吕想引用苏轼的一句话："古之立大事者，不惟有超世之才，亦必有坚忍不拔之志．"我们也许很难成为"立大事者"，但我们也可以有一份属于普通人的小小梦想．对我而言，这个小小梦想就是写出更好的书、讲出更好的课，帮你考上研究生；对你来说，现在这个小小梦想就是考上研究生．让我们一起努力吧，因为，每份努力都值得！

吕建刚

2021 年 9 月 10 日教师节之际

目录

上部:基础篇

上部
基础篇

基础者，难之源也.高分者，初筑于基础，大成于母题.

基础篇学习指南

1. 学习基础篇前的提醒

管理类联考中有一类特殊题型叫"条件充分性判断",这类题型在例题中只有题干没有选项,这不是因为本书写错了,而是因为这类题的所有题目选项都是统一的,需要大家记在脑子中.故,在开始学习前,请务必先阅读第6页的"管理类联考数学题型说明".

2. 基础篇的内容

(1)本书基础篇涵盖大纲规定的所有考点.

(2)本书基础篇分为6个章节,即算术、整式与分式、函数方程和不等式、数列、几何、数据分析.由于应用题所依赖的基础知识,分散在这6个章节中,因此,本书基础篇不单独介绍应用题,在本书母题篇中会有对应用题题型的详细总结.

3. 基础篇的重要性

由于管理类联考数学考的是中学知识,因此很多同学误认为以前学过这些知识,再听老师的课时就会心生浮躁,觉得不过如此,请大家千万不要有这种想法.

因为,数学这个学科的特点是:基础知识多、基础知识之间存在联系、题型依赖于基础知识.如果你基础不扎实,后面学再多的题型、再多的技巧都没有用.

所以,基础篇的内容、基础班的课,看起来不是那么"高大上",但极其重要.如果你想看"高大上"的内容,本书母题篇及其配套课程一定可以满足你.但在此之前,请你学好基础.

4. 基础篇的学习步骤

(1)本书基础篇建议用于第一轮复习.

(2)学习步骤建议为:预习——听课——复习总结——做习题.

(3)本书基础篇以掌握基础知识为目的,这个阶段可以不必大量刷题,但必须要理解公式、记住公式,如有必要可以自行推导公式以加深理解.

5. 基础篇的难度

本书基础篇的例题主要是为了讲解知识点,因此,例题难度不大,低于真题.

管理类联考数学
大纲解读与命题趋势分析

I. 试卷结构解读

(1)试卷分值及考试时间安排

试卷满分为200分,考试时间为180分,其中数学基础75分,建议用时60分钟.

(2)数学题型说明

题型一:问题求解15小题,每小题3分,共45分.

题型二:条件充分性判断10小题,每小题3分,共30分.

注意,条件充分性判断是管理类联考的特有题型,请务必阅读本书的"题型说明"部分.

(3)答题方式

答题方式为闭卷、笔试,不允许使用计算器.

2. 大纲内容解读

2.1 应试能力要求

大纲原文
"综合能力考试中的数学基础部分主要考查考生的❶运算能力、❷逻辑推理能力、❸空间想象能力和❹数据处理能力,通过问题求解和条件充分性判断两种形式来测试."

大纲解读	
考试要求	应试要求
❶考查运算能力	运算能力是一项基本能力,是思维能力和运算技能的结合.主要考查数与式的组合与分解变形的能力,包括数字计算、代数式的变形、集合的运算、解方程与不等式、数列的计算、几何图形中的计算等.要求做到运算准确、熟练、快速灵活.
❷考查逻辑推理能力	根据已知的事实和条件,论证某一数学命题真实性的初步的推理能力.以"条件充分性判断"的形式进行考查.
❸考查空间想象能力	主要针对第5章进行考查. 一是对基本几何图形必须非常熟悉,能正确画图,能在头脑中分析基本图形和基本元素之间的度量关系及位置关系. 二是能借助图形来反映并思考客观事物的空间形状及位置关系. 三是能借助图形来反映并思考用语言或式子所表达的空间形状及位置关系. 四是有熟练的识图能力,即从复杂的图形中能区分出基本图形,能分析其中的基本图形和基本元素之间的基本关系.
❹考查数据处理能力	主要针对第6章进行考查. 会收集、整理、分析数据,能从大量数据中抽取对研究问题有用的信息,能发现数据之间的关系,并作出判断.数据处理能力主要依据统计案例中的图表分析、排列组合和概率来解决问题.

2.2 考试内容

关于运算能力、逻辑推理能力、空间想象能力和数据处理能力，考试大纲对考试内容做出了规定，规定如下：

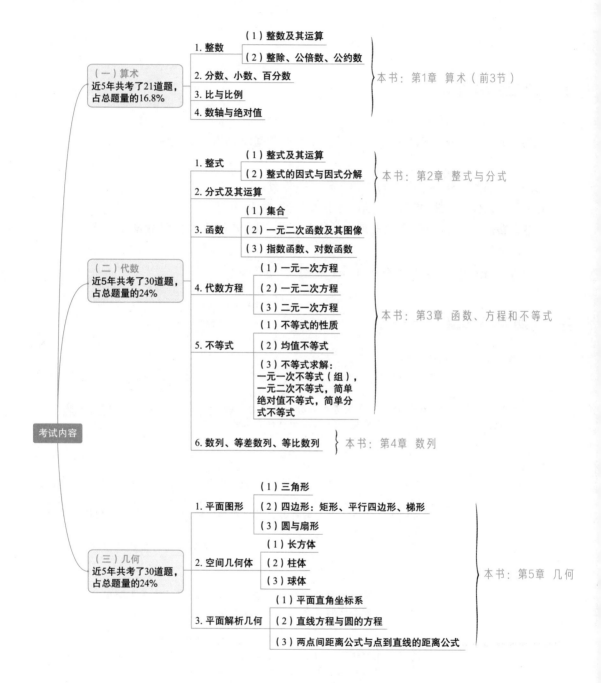

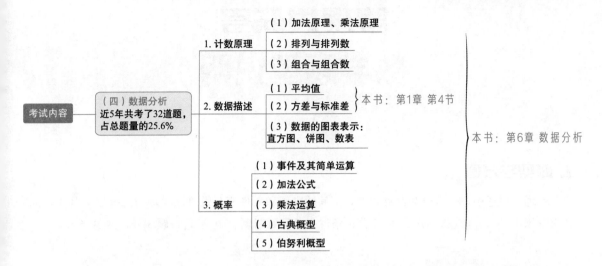

【注意】应用题部分，大纲没有明确规定，但近5年真题考了29道题，平均每年5.8道，占总题量的23.2%. 由于应用题部分不涉及基础知识，仅涉及题型，故本书在"母题篇"第7章中讲解.

3. 近 5 年管理类联考数学真题的命题统计

年份	算术 ★★★★★	整式与分式 ★	函数、方程和不等式 ★★★	数列 ★★★	几何 ★★★★★	数据分析 ★★★★	应用题 ★★★★★
2018 年	5 道	1 道	3 道	3 道	6 道	6 道	5 道
2019 年	6 道	0 道	1 道	3 道	7 道	5 道	6 道
2020 年	8 道	1 道	2 道	2 道	5 道	5 道	4 道
2021 年	4 道	0 道	4 道	3 道	6 道	4 道	7 道
2022 年	5 道	2 道	1 道	4 道	6 道	5 道	7 道
合计	28 道	4 道	11 道	15 道	30 道	25 道	29 道
占总数	22.4%	3.2%	8.8%	12%	24%	20%	23.2%
平均每年	5.6 道	0.8 道	2.2 道	3 道	6 道	5 道	5.8 道

说明：

（1）由于很多数学题目都是一道题目涉及多个知识点，故以上题目统计可能存在少许误差，这是由数学题的性质决定的，请大家理解.

（2）同样，由于存在一个题目多个考点的问题，以上统计存在重复. 故，近5年真题共有考题125道，但以上各题型统计的数量之和多于125道.

管理类联考
数学题型说明

I. 题型与分值

  管理类联考中，数学分为两种题型，即问题求解和条件充分性判断，均为选择题．其中，问题求解题 15 道，每道题 3 分，共 45 分；条件充分性判断题有 10 道，每题 3 分，共 30 分．

2. 条件充分性判断

2.1 充分性定义

对于两个命题 A 和 B，若有 A⇒B，则称 A 为 B 的充分条件．

2.2 条件充分性判断题的题干结构

题干先给出结论，再给出两个条件，要求判断根据给定的条件是否足以推出题干中的结论．

  例：

  方程 $f(x)=1$ 有且仅有一个实根．   （结论）

  (1) $f(x)=|x-1|$．   （条件 1）

  (2) $f(x)=|x-1|+1$．   （条件 2）

2.3 条件充分性判断题的选项设置

  如果条件(1)能推出结论，就称条件(1)是充分的；同理，如果条件(2)能推出结论，就称条件(2)是充分的．在两个条件单独都不充分的情况下，要考虑二者联立起来是否充分，然后按照以下选项设置做出选择．

考生注意

  选项设置：

  （A）条件（1）充分，条件（2）不充分．

  （B）条件（2）充分，条件（1）不充分．

  （C）条件（1）和条件（2）单独都不充分，但条件（1）和条件（2）联合起来充分．

  （D）条件（1）充分，条件（2）也充分．

  （E）条件（1）和条件（2）单独都不充分，条件（1）和条件（2）联合起来也不充分．

【注意】

  ①条件充分性判断题为固定题型，其选项设置（A）、（B）、（C）、（D）、（E）均同以上选项设置（即此类题型的选项设置是一样的）．

---

②各位同学在备考管理类联考数学之前，要先了解条件充分性判断题型的题干结构及其选项设置.

③由于此类题型选项设置均相同，本书之后将不再单独注明条件充分性判断题及选项设置，出现条件（1）和条件（2）的就是这种题型，各位同学只需将选项设置记住，即可做题.

典型例题

例1 方程 $f(x)=1$ 有且仅有一个实根.

(1) $f(x)=|x-1|$.

(2) $f(x)=|x-1|+1$.

【解析】由条件（1）得
$$|x-1|=1 \Rightarrow x-1=\pm 1 \Rightarrow x_1=2,\ x_2=0,$$
所以条件（1）不充分.

由条件（2）得
$$|x-1|+1=1 \Rightarrow x-1=0 \Rightarrow x=1,$$
所以条件（2）充分.

【答案】(B)

例2 $x=3$.

(1) x 是自然数.   (2) $1<x<4$.

【解析】条件（1）不能推出 $x=3$ 这一结论，即条件（1）不充分.

条件（2）也不能推出 $x=3$ 这一结论，即条件（2）也不充分.

联立两个条件：可得 $x=2$ 或 3，也不能推出 $x=3$ 这一结论，所以条件（1）和条件（2）联合起来也不充分.

【答案】(E)

例3 x 是整数，则 $x=3$.

(1) $x<4$.   (2) $x>2$.

【解析】条件（1）和条件（2）单独显然不充分，联立两个条件得 $2<x<4$.

仅由这两个条件当然不能得到题干的结论 $x=3$.

但要注意，题干还给了另外一个条件，即 x 是整数；

结合这个条件，可知两个条件联立起来充分，选 (C).

【答案】(C)

例4 $x^2-5x+6 \geqslant 0$.

(1) $x \leqslant 2$.

(2) $x \geqslant 3$.

【解析】由 $x^2-5x+6 \geqslant 0$，可得 $x \leqslant 2$ 或 $x \geqslant 3$.

条件（1）：可以推出结论，充分.

条件（2）：可以推出结论，充分．

两个条件都充分，选（D）．

注意：在此题中我们求解了不等式 $x^2-5x+6 \geqslant 0$，即对不等式进行了等价变形，得到了一个结论，然后再看条件（1）和条件（2）能不能推出这个结论．切记不是由这个不等式的解去推出条件（1）和条件（2）．

【答案】（D）

例5　$(x-2)(x-3) \neq 0$．

(1) $x \neq 2$．

(2) $x \neq 3$．

【解析】条件（1）：不充分，因为在 $x \neq 2$ 的条件下，如果 $x=3$，可以使 $(x-2)(x-3)=0$．

条件（2）：不充分，因为在 $x \neq 3$ 的条件下，如果 $x=2$，可以使 $(x-2)(x-3)=0$．

所以，必须联立两个条件，才能保证 $(x-2)(x-3) \neq 0$．

【答案】（C）

例6　$(a-b) \cdot |c| \geqslant |a-b| \cdot c$．

(1) $a-b > 0$．

(2) $c > 0$．

【解析】此题有些同学会这么想：

由条件（1），可知 $(a-b)=|a-b|>0$．

由条件（2），可知 $|c|=c>0$．

故有

$$(a-b) \cdot |c| = |a-b| \cdot c,$$

能推出 $(a-b) \cdot |c| \geqslant |a-b| \cdot c$，所以联立起来成立，选（C）．

条件（1）和条件（2）联合起来确实能推出结论，但问题在于：

由条件（1），可知 $(a-b)=|a-b|>0$，则 $(a-b) \cdot |c| \geqslant |a-b| \cdot c$，可化为 $|c| \geqslant c$，此式是恒成立的．

也就是说，仅由条件（1）就已经可以推出结论了，并不需要联立．因此，本题选（A）．

各位同学一定要谨记，将两个条件联立的前提是条件（1）和条件（2）单独都不充分．

【答案】（A）

第1章 算术

(一)算术

1. 整数

(1)整数及其运算

(2)整除、公倍数、公约数

(3)奇数、偶数

(4)质数、合数

2. 分数、小数、百分数

3. 比与比例

4. 数轴与绝对值

(二)数据描述

1. 平均值

2. 方差与标准差

听本章课程

本章知识架构

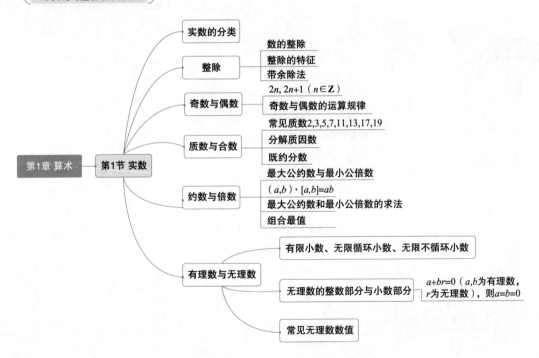

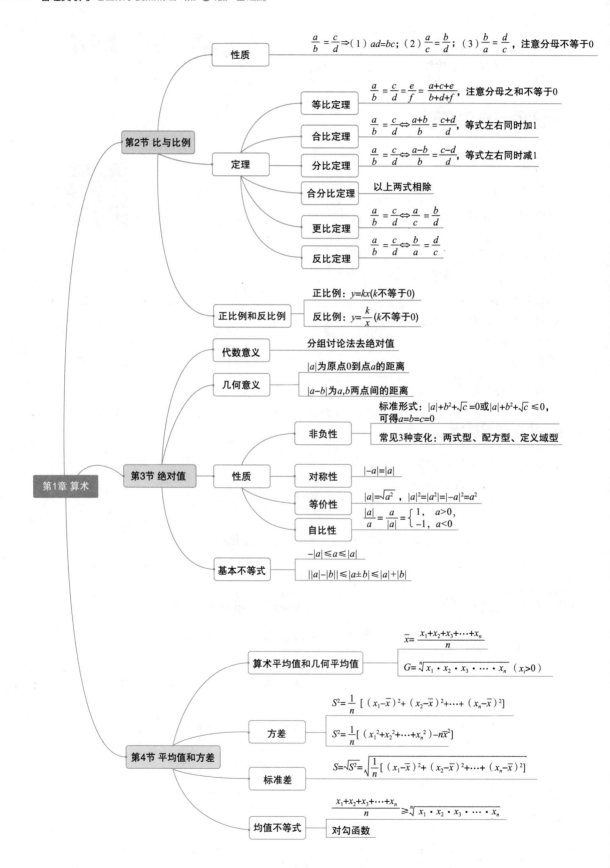

第1章 算术

第2节 比与比例

性质 $\dfrac{a}{b}=\dfrac{c}{d}\Rightarrow$（1）$ad=bc$；（2）$\dfrac{a}{c}=\dfrac{b}{d}$；（3）$\dfrac{b}{a}=\dfrac{d}{c}$，注意分母不等于0

定理

等比定理 $\dfrac{a}{b}=\dfrac{c}{d}=\dfrac{e}{f}=\dfrac{a+c+e}{b+d+f}$，注意分母之和不等于0

合比定理 $\dfrac{a}{b}=\dfrac{c}{d}\Leftrightarrow\dfrac{a+b}{b}=\dfrac{c+d}{d}$，等式左右同时加1

分比定理 $\dfrac{a}{b}=\dfrac{c}{d}\Leftrightarrow\dfrac{a-b}{b}=\dfrac{c-d}{d}$，等式左右同时减1

合分比定理   以上两式相除

更比定理 $\dfrac{a}{b}=\dfrac{c}{d}\Leftrightarrow\dfrac{a}{c}=\dfrac{b}{d}$

反比定理 $\dfrac{a}{b}=\dfrac{c}{d}\Leftrightarrow\dfrac{b}{a}=\dfrac{d}{c}$

正比例和反比例

正比例：$y=kx$（k不等于0）

反比例：$y=\dfrac{k}{x}$（k不等于0）

第3节 绝对值

代数意义   分组讨论法去绝对值

几何意义

$|a|$为原点0到点a的距离

$|a-b|$为a,b两点间的距离

性质

非负性

标准形式：$|a|+b^2+\sqrt{c}=0$或$|a|+b^2+\sqrt{c}\le0$，可得$a=b=c=0$

常见3种变化：两式型、配方型、定义域型

对称性 $|-a|=|a|$

等价性 $|a|=\sqrt{a^2}$，$|a|^2=|a^2|=|-a|^2=a^2$

自比性 $\dfrac{|a|}{a}=\dfrac{a}{|a|}=\begin{cases}1,&a>0,\\-1,&a<0\end{cases}$

基本不等式

$-|a|\le a\le|a|$

$||a|-|b||\le|a\pm b|\le|a|+|b|$

第4节 平均值和方差

算术平均值和几何平均值

$\overline{x}=\dfrac{x_1+x_2+x_3+\cdots+x_n}{n}$

$G=\sqrt[n]{x_1\cdot x_2\cdot x_3\cdot\cdots\cdot x_n}$ （$x_i>0$）

方差

$S^2=\dfrac{1}{n}\left[(x_1-\overline{x})^2+(x_2-\overline{x})^2+\cdots+(x_n-\overline{x})^2\right]$

$S^2=\dfrac{1}{n}\left[(x_1^2+x_2^2+\cdots+x_n^2)-n\overline{x}^2\right]$

标准差 $S=\sqrt{S^2}=\sqrt{\dfrac{1}{n}\left[(x_1-\overline{x})^2+(x_2-\overline{x})^2+\cdots+(x_n-\overline{x})^2\right]}$

均值不等式

$\dfrac{x_1+x_2+x_3+\cdots+x_n}{n}\ge\sqrt[n]{x_1\cdot x_2\cdot x_3\cdot\cdots\cdot x_n}$

对勾函数

第 1 节 实数的分类、性质与运算

1. 实数的分类

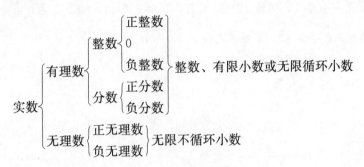

自然数：非负整数组成的集合称为自然数

2. 整除

2.1 数的整除

设 a、b 是两个任意整数，$b \neq 0$，若存在整数 c，使得 $a = bc$，则称 b 整除 a，或 a 能被 b 整除．此时，称 b 是 a 的约数（因数），称 a 是 b 的倍数．

2.2 整除的特征

(1) 若一个整数的末位数字能被 2（或 5）整除，则这个数能被 2（或 5）整除；

(2) 若一个整数各数位的数字之和能被 3（或 9）整除，则这个数能被 3（或 9）整除；

(3) 若一个整数的末两位数字能被 4（或 25）整除，则这个数能被 4（或 25）整除；

(4) 若一个整数的末三位数字能被 8（或 125）整除，则这个数能被 8（或 125）整除；

(5) 任意连续的三个整数相乘，都能被 6 整除．

2.3 带余除法

(1) 被除数÷除数＝商……余数，即被除数＝除数×商＋余数；

(2) 整除时余数为 0；

(3) $0 \leqslant$ 余数 $<$ 除数．

典型例题

例1 （条件充分性判断）$\dfrac{n}{14}$ 是一个整数．

(1) n 是一个整数，且 $\dfrac{3n}{14}$ 也是一个整数．

(2) n 是一个整数，且 $\dfrac{n}{7}$ 也是一个整数．

(A) 条件 (1) 充分，但条件 (2) 不充分．

(B) 条件 (2) 充分，但条件 (1) 不充分．

(C)条件(1)和条件(2)单独都不充分，但条件(1)和条件(2)联合起来充分．

(D)条件(1)充分，条件(2)也充分．

(E)条件(1)和条件(2)单独都不充分，条件(1)和条件(2)联合起来也不充分．

【解析】特殊值法．

条件(1)：$\dfrac{3n}{14}$ 是一个整数，因为 3 与 14 互质，所以 n 是 14 的倍数，易知条件(1)充分．

条件(2)：举反例，令 $n=7$，显然不充分．

【答案】(A)

考生注意

例 1 为条件充分性判断题，这种题型的特点是：

题干先给出一个结论：$\dfrac{n}{14}$ 是一个整数．

再给出两个条件：(1)n 是一个整数，且 $\dfrac{3n}{14}$ 也是一个整数．

(2)n 是一个整数，且 $\dfrac{n}{7}$ 也是一个整数．

解题思路：

条件(1)能充分地推出结论吗？条件(2)能充分地推出结论吗？如果两个都不充分的话，两个条件联立能充分地推出结论吗？

选项设置：

(A)条件(1)充分，但条件(2)不充分．

(B)条件(2)充分，但条件(1)不充分．

(C)条件(1)和条件(2)单独都不充分，但条件(1)和条件(2)联合起来充分．

(D)条件(1)充分，条件(2)也充分．

(E)条件(1)和条件(2)单独都不充分，条件(1)和条件(2)联合起来也不充分．

【注意】

①条件充分性判断为固定题型，其选项设置(A)、(B)、(C)、(D)、(E)均同此题（即此类题型的选项设置是一样的）．

②各位同学在做条件充分性判断题之前，要先了解这类题型的题干结构及其选项设置，详细内容可参看本书正文第 6 页《管理类联考数学题型说明》．

③由于此类题型选项设置均相同，本书之后的例题将不再单独注明条件充分性判断题及选项设置，出现条件(1)和条件(2)的就是这种题型，各位同学只需将选项设置记住，即可做题．

例 2 如果 x 和分式 $\dfrac{3x+4}{x-1}$ 都是整数，那么 x 的值可能为（   ）．

(A)8   (B)2，8   (C)2，0，6

(D)2，0，8   (E)−6，2，0，8

【解析】设 k 法. 令 $k=\dfrac{3x+4}{x-1}=3+\dfrac{7}{x-1}$, 因为 x、k 都是整数, 所以 $x-1$ 应是 7 的约数, 又因为 $7=1\times7=(-1)\times(-7)$, 则 $x-1$ 可取得的值为 1, 7, -1, -7, 故 $x=2, 8, 0, -6$.

【答案】(E)

3. 奇数与偶数

3.1 定义

偶数：能被 2 整除的数, 记为 $2n(n\in\mathbf{Z})$, 注意: 0 是偶数.

奇数：不能被 2 整除的数, 记为 $2n+1(n\in\mathbf{Z})$.

3.2 运算规律（奇偶性）

奇数＋奇数＝偶数；奇数＋偶数＝奇数；偶数＋偶数＝偶数；

奇数×奇数＝奇数；奇数×偶数＝偶数；偶数×偶数＝偶数.

口诀：加减法中, 同偶异奇；乘法中, 有偶则偶(注意：正负号不改变奇偶性).

典型例题

例3 设 a, b 为整数, 给出下列四个结论：

(1)若 $a+5b$ 是偶数, 则 $a-3b$ 是偶数；

(2)若 $a+5b$ 是偶数, 则 $a-3b$ 是奇数；

(3)若 $a+5b$ 是奇数, 则 $a-3b$ 是偶数；

(4)若 $a+5b$ 是奇数, 则 $a-3b$ 是奇数.

其中结论正确的个数有(　　)个.

(A)0　　　　(B)1　　　　(C)2　　　　(D)3　　　　(E)4

【解析】方法一：若 $a+5b$ 为偶数, 由奇偶性可知, a, b 同为奇数或同为偶数, 故 $a-3b$ 是偶数, 结论(1)正确, 结论(2)错误.

若 $a+5b$ 为奇数, 则 a, b 必为一奇一偶, 故 $a-3b$ 是奇数, 结论(3)错误, 结论(4)正确.

方法二：$a-3b=(a+5b)-8b$, 其中 $8b$ 一定是偶数. 根据奇偶性口诀：加减法中, 同偶异奇, 可知若 $a+5b$ 为偶数, 则 $a-3b$ 是偶数；若 $a+5b$ 为奇数, 则 $a-3b$ 是奇数.

综上, 结论(1)、(4)正确, 结论(2)、(3)错误.

所以, 结论正确的个数有 2 个.

【答案】(C)

例4 设 a 为正奇数, 则 a^2-1 必是(　　).

(A)5 的倍数　　　　　　(B)6 的倍数　　　　　　(C)8 的倍数

(D)9 的倍数　　　　　　(E)7 的倍数

【解析】由 a 为正奇数, 可设 $a=2n+1$(n 是非负整数), 则
$$a^2-1=(2n+1)^2-1=4n^2+4n=4n(n+1).$$

因为 n 是整数, 所以 n 与 $n+1$ 之中至少有一个是偶数, 即 2 的倍数.

故 $4n(n+1)$ 必是 8 的倍数.

【快速得分法】 特殊值法.

令 $a=3$，则 $a^2-1=8$，故选(C).

【答案】 (C)

4. 质数与合数

4.1 定义

质数：只有 1 和它本身两个约数的正整数.

合数：除了 1 和它本身外，还有其他约数的正整数.

1 既不是质数，也不是合数.

4.2 常见质数

20 以内的质数：2(质数中唯一的偶数)，3，5，7，11，13，17，19.

最大的两位数质数为 97.

4.3 分解质因数

把一个合数分解为若干个质因数的乘积的形式，称为分解质因数，如 $12=2\times2\times3$.

任何合数都能写成几个质数的积.

4.4 既约分数

又称最简分数，指的是分子与分母互质的分数，其中分子、分母不一定为质数.

典型例题

例 5　在 20 以内的质数中，两个质数之和还是质数的共有(　　)种.

(A)3　　　　(B)4　　　　(C)5　　　　(D)6　　　　(E)7

【解析】 20 以内的质数为 2，3，5，7，11，13，17，19.

由奇偶性可知，两个奇质数相加，结果一定为偶合数，与题干矛盾，故这两个质数中必有一个偶数，而唯一的偶质数为 2.

由穷举法可知，另外一个质数可能为 3，5，11，17，共有 4 种情况.

【答案】 (B)

例 6　1 374 除以某质数，余数为 9，则这个质数为(　　).

(A)7　　　　(B)11　　　　(C)13　　　　(D)17　　　　(E)19

【解析】 分解质因数法.

$$1\,374-9=1\,365=3\times5\times7\times13,$$

因为余数为 9，所以除数必然大于 9，故此质数为 13.

【快速得分法】 此题可用选项代入法迅速得解.

【答案】 (C)

例 7 每一个合数都可以写成 k 个质数的乘积，在小于 100 的合数中，k 的最大值为（   ）．

(A)3 　　　　(B)4 　　　　(C)5 　　　　(D)6 　　　　(E)7

【解析】 各个质数的取值越小，k 的值越大．由于最小的质数是 2，且 $2^6=64<100$，$2^7=128>100$，所以小于 100 的合数最多可以写成 6 个质数的乘积．

【答案】(D)

5. 约数与倍数

5.1 定义

(1)约数：a 能够整除 b，a 就是 b 的约数．如 2、3、4、6 都能整除 12，因此 2、3、4、6 都是 12 的约数，也叫因数．

(2)公约数：如果一个整数 c 既是整数 a 的约数，又是整数 b 的约数，那么 c 叫作 a 与 b 的公约数．

(3)最大公约数：a 与 b 的所有公约数中最大的一个，叫作它们的最大公约数，记为 $(a，b)$．若 $(a，b)=1$，则称 a 与 b 互质，但 a，b 不一定是质数．

(4)公倍数：如果一个整数 c 能被整数 a 整除，又能被整数 b 整除，则称 c 为 a 与 b 的公倍数．

(5)最小公倍数：a 与 b 的所有公倍数中最小的一个，叫作它们的最小公倍数，记为 $[a，b]$．

5.2 定理

两个整数的乘积等于他们的最大公约数和最小公倍数的乘积，即 $ab=(a，b)\cdot[a，b]$．

5.3 最大公约数和最小公倍数的求法

①使用短除法．例如，求 84 与 96 的最大公约数与最小公倍数：

$$\begin{array}{r|cc} 2 & 84 & 96 \\ \hline 2 & 42 & 48 \\ \hline 3 & 21 & 24 \\ \hline & 7 & 8 \end{array}$$

故有

$$(84，96)=2\times2\times3，$$

$$[84，96]=2\times2\times3\times7\times8.$$

②使用质因数分解法，例如求 84 与 96 的最大公约数与最小公倍数：

$$84=2^2\times3^1\times7^1，$$

$$96=2^5\times3^1$$

最大公约数找各质因数的低次方：$(84，96)=2^2\times3^1$；

最小公倍数找各质因数的高次方：$[84，96]=2^5\times3^1\times7^1$．

典型例题

例8 两个正整数 a 和 b 的最大公约数是 5，最小公倍数是 30，如果 a 是 10，那么 b 的各个数位之和是(   )．

(A)3   (B)4   (C)5   (D)6   (E)7

【解析】根据约数和倍数的定理：$ab = (a, b)[a, b]$，可得

$$5 \times 30 = 10b,$$

由此解得 $b = 15$．

故 b 的各个数位之和为 $1 + 5 = 6$．

【答案】(D)

例9 两个正整数的最大公约数是 6，最小公倍数是 90，满足条件的两个正整数组成的大数在前的数对共有(   )．

(A)0 对   (B)1 对   (C)2 对

(D)3 对   (E)无数对

【解析】定理 5.2 的应用＋分解质因数．

设这两个数为 a，b，则有

$$ab = (a, b)[a, b] = 6 \times 90 = 6 \times 6 \times 3 \times 5,$$

故 $a = 90$，$b = 6$ 或 $a = 30$，$b = 18$，所以满足条件的数对共有 2 对．

【答案】(C)

6. 有理数和无理数

6.1 定义

有理数：整数、有限小数和无限循环小数，统称为有理数．

无理数：无限不循环小数叫作无理数．

6.2 运算

(1)有理数之间的加减乘除运算结果必为有理数．

(2)有理数和无理数的乘积为 0 或无理数．

(3)有理数与无理数的加减必为无理数．

6.3 整数部分与小数部分

一个数减去一个整数后，若所得的差大于等于 0 且小于 1，那么此减数是这个数的整数部分，差是这个数的小数部分．

【例】$\sqrt{5}$ 的整数部分是 2，小数部分是 $\sqrt{5} - 2$；

$-\sqrt{5}$ 的整数部分是 -3，小数部分是 $-\sqrt{5} - (-3) = 3 - \sqrt{5}$．

若 $a + b\lambda = 0$（a、b 为有理数，λ 为无理数），则 $a = b = 0$．

6.4 常见无理数数值

$\sqrt{2}\approx1.414$，$\sqrt{3}\approx1.732$，$\sqrt{5}\approx2.236$，$\sqrt{6}\approx2.449$.

典型例题

例10 已知 a、b 为有理数，若 $\sqrt{9-4\sqrt{5}}=a\sqrt{5}+b$，则 $1\,998a+1\,999b$ 为(　　).

(A)0　　　　(B)1　　　　(C)-1　　　　(D)2 000　　　　(E)$-2\,000$

【解析】由题意，得

$$\sqrt{9-4\sqrt{5}}=\sqrt{(\sqrt{5}-2)^2}=\sqrt{5}-2=a\sqrt{5}+b,$$

等式两边的有理数与无理数对应相等，得 $a=1$，$b=-2$.

故 $1\,998a+1\,999b=-2\,000$.

【易错点】有同学误认为 $\sqrt{(\sqrt{5}-2)^2}=\pm(\sqrt{5}-2)$，这是错误的. 因为，$\sqrt{a^2}=|a|$，它只能是非负数.

【答案】(E)

例11 已知 a 为无理数，$(a-1)(a+2)$ 为有理数，则下列说法正确的是(　　).

(A)a^2 为有理数

(B)$(a+1)(a+2)$ 为无理数

(C)$(a-5)^2$ 为有理数

(D)$(a+5)^2$ 为有理数

(E)以上选项均不正确

【解析】根据运算法则：有理数+有理数=有理数；无理数+有理数=无理数.

由题意，可知 $(a-1)(a+2)=a^2+a-2$ 为有理数，故 a^2+a 为有理数，又因为 a 为无理数，故 a^2 为无理数，排除(A)项.(B)项中，$(a+1)(a+2)=a^2+3a+2=a^2+a+2a+2$，$a$ 为无理数，则 $2a+2$ 为无理数，又因为 a^2+a 为有理数，故 $(a+1)(a+2)$ 为无理数，(B)项正确. 同理可知，(C)、(D)两项均为无理数.

【答案】(B)

例12 把无理数 $\sqrt{5}$ 记作 a，它的小数部分记作 b，则 $a-\dfrac{1}{b}$ 等于(　　).

(A)1　　　(B)-1　　　(C)2　　　(D)-2　　　(E)3

【解析】由题意得，$a=\sqrt{5}\approx2.236$，故其整数部分为2，小数部分 $b=\sqrt{5}-2$，则 $a-\dfrac{1}{b}=\sqrt{5}-\dfrac{1}{\sqrt{5}-2}=-2$.

【答案】(D)

7. 实数的乘方与开方

7.1 乘方运算

(1)当实数 $a \neq 0$ 时，$a^0 = 1$，$a^{-n} = \dfrac{1}{a^n}$，$a^m a^n = a^{m+n}$，$(a^m)^n = a^{mn}$，$\dfrac{a^m}{a^n} = a^{m-n}$.

(2)负实数的奇数次幂为负实数；负实数的偶数次幂为正实数.

7.2 开方运算

(1)在实数范围内，负实数无偶次方根；0 的偶次方根是 0；正实数的偶次方根有两个，它们互为相反数，其中正的偶次方根称为算术平方根.

(2)当 $a > 0$ 时，a 的平方根是 $\pm\sqrt{a}$，其中 $\sqrt{a}$ 是正实数 a 的算术平方根.

(3)在运算有意义的前提下，$a^{\frac{n}{m}} = \sqrt[m]{a^n}$.

乘积的方根：$\sqrt[n]{ab} = \sqrt[n]{a} \cdot \sqrt[n]{b}$ $(a \geqslant 0,\ b \geqslant 0)$；

分式的方根：$\sqrt[n]{\dfrac{a}{b}} = \dfrac{\sqrt[n]{a}}{\sqrt[n]{b}}$ $(a \geqslant 0,\ b > 0)$；

根式的方根：$(\sqrt[n]{a})^m = \sqrt[n]{a^m}$ $(a \geqslant 0)$；

根式的化简：$\sqrt[np]{a^{mp}} = \sqrt[n]{a^m}$ $(a \geqslant 0)$；

分母有理化：$\dfrac{1}{\sqrt{a}} = \dfrac{\sqrt{a}}{a}$ $(a > 0)$.

典型例题

例 13　一个大于 1 的自然数的算术平方根为 a，则与该自然数左右相邻的两个自然数的算术平方根分别为(　　).

(A)$\sqrt{a}-1$，$\sqrt{a}+1$　　　　　(B)$a-1$，$a+1$　　　　　(C)$\sqrt{a-1}$，$\sqrt{a+1}$

(D)$\sqrt{a^2-1}$，$\sqrt{a^2+1}$　　　　(E)a^2-1，a^2+1

【解析】设这个数是 n，则 $n = a^2$，左右相邻的自然数分别为 $n-1$ 和 $n+1$，即为 a^2-1 和 a^2+1，所以算术平方根分别为 $\sqrt{a^2-1}$，$\sqrt{a^2+1}$.

【答案】(D)

例 14　设 a 与 b 之和的倒数的 2 007 次方等于 1，a 的相反数与 b 之和的倒数的 2 009 次方也等于 1，则 $a^{2\,007} + b^{2\,009} = ($　　$)$.

(A)-1　　　　(B)2　　　　(C)1　　　　(D)0　　　　(E)$2^{2\,007}$

【解析】根据题意，可得

$$\left(\frac{1}{a+b}\right)^{2\,007} = 1,\quad \left(\frac{1}{-a+b}\right)^{2\,009} = 1.$$

因为 2 007、2 009 均为奇数，可得 $\begin{cases} a+b=1, \\ -a+b=1, \end{cases}$ 解得 $a=0$，$b=1$，故 $a^{2\,007} + b^{2\,009} = 1$.

【答案】(C)

● 本节习题自测 ●

1. 已知 x 为正整数，且 $6x^2 - 19x - 7$ 的值为质数，则这个质数为(　　).

　　(A)2　　　　　　(B)7　　　　　　(C)11　　　　　　(D)13　　　　　　(E)17

2. A，B，C 为三个不相同的小于 20 的质数，已知 $3A + 2B + C = 20$，则 $A + B + C =$(　　).

　　(A)12　　　　　　(B)13　　　　　　(C)14　　　　　　(D)15　　　　　　(E)16

3. 已知实数 $2 + \sqrt{3}$ 的整数部分为 x，小数部分为 y，$\dfrac{x + 2y}{x - 2y} =$(　　).

　　(A)$\dfrac{17 + 12\sqrt{3}}{13}$ 　　　　　　(B)$\dfrac{17 + 12\sqrt{3}}{12}$ 　　　　　　(C)$\dfrac{17 + 9\sqrt{3}}{13}$

　　(D)$\dfrac{17 + 6\sqrt{3}}{13}$ 　　　　　　(E)$\dfrac{17 + \sqrt{3}}{13}$

4. 如果 $(2 + \sqrt{2})^2 = a + b\sqrt{2}$ （a，b 为有理数），那么 $a + b$ 等于(　　).

　　(A)4　　　　(B)5　　　　(C)6　　　　(D)10　　　　(E)8

5. 如果 a，b，c 是三个连续的奇数，则 $a + b = 32$.

　　(1)$10 < a < b < c < 20$.

　　(2)b 和 c 为质数.

6. 一个五位数 $\underline{a6\ 79b}$（a 在万位，b 在个位）能被 72 整除，则 a，b 的值为(　　).

　　(A)3，2　　　　　　　　(B)2，3　　　　　　　　(C)3，4

　　(D)4，3　　　　　　　　(E)1，3

● 习题详解

1. (D)

【解析】由于 $6x^2 - 19x - 7 = (3x + 1)(2x - 7)$ 且 $6x^2 - 19x - 7$ 为质数，故 $3x + 1$ 和 $2x - 7$ 的值必有一个为1，另一个为质数；又已知 x 为正整数，则 $3x + 1 > 1$，故 $2x - 7 = 1$，解得 $x = 4$. 所以 $6x^2 - 19x - 7 = 3 \times 4 + 1 = 13$.

2. (A)

【解析】分析奇偶性，因为 $3A + 2B + C = 20$，其中 $2B$、20 为偶数，故 $3A + C$ 为偶数，即 A、C 同奇或同偶. 但由于 A，C 为不同的质数，不可能同偶，故 A，C 同为奇数.

穷举法得，符合条件的只有 $A = 3$，$B = 2$，$C = 7$，$A + B + C = 12$.

3. (A)

【解析】因为 $1 < \sqrt{3} < 2$，所以 $3 < 2 + \sqrt{3} < 4$. 故 $x = 3$，$y = 2 + \sqrt{3} - 3 = \sqrt{3} - 1$，可得

$$\frac{x + 2y}{x - 2y} = \frac{3 + 2(\sqrt{3} - 1)}{3 - 2(\sqrt{3} - 1)} = \frac{1 + 2\sqrt{3}}{5 - 2\sqrt{3}} = \frac{(1 + 2\sqrt{3})(5 + 2\sqrt{3})}{(5 - 2\sqrt{3})(5 + 2\sqrt{3})} = \frac{17 + 12\sqrt{3}}{13}.$$

4. (D)

【解析】$(2+\sqrt{2})^2=6+4\sqrt{2}=a+b\sqrt{2}$，等式两边的有理数和无理数应对应相等，所以 $a=6$，$b=4$，$a+b=10$.

5. (C)

【解析】条件(1)和条件(2)单独显然不充分，故联立两个条件.

由条件知 $10<a<b<c<20$ 且 b 和 c 为质数，10 到 20 之间的质数为 11，13，17，19.

又因为 a，b，c 是三个连续的奇数，故 $a=15$，$b=17$，$c=19$，$a+b=32$，因此两个条件联立起来充分.

6. (A)

【解析】由数字整除的性质可知，$a679b$ 能被 72 整除，那么这个数既能被 8 整除又能被 9 整除.

若能被 8 整除，则末三位数字($79b$)能被 8 整除，即

$$
\begin{array}{r}
99 \\
8\overline{)79b} \\
72 \\
\hline
7b \\
72 \\
\hline
b-2
\end{array}
$$

所以 $b=2$.

若被 9 整除，则所有数字加起来之和是 9 的倍数，即 $a+6+7+9+2=a+24$ 能被 9 整除，a 在万位，所以 a 肯定是一位数，在 1～9 之间穷举可得，$a=3$.

第 **2** 节 比与比例

I. 定义

1.1 比

两个数 a，b 相除，又可称为这两个数的比，记为 $a:b$，即 $a:b=\dfrac{a}{b}$. 若 a，b 相除的商为 k，则称 k 为 $a:b$ 的比值.

1.2 比例

若 $a:b$ 和 $c:d$ 的比值相等，就称 a，b，c，d 成比例，记作 $a:b=c:d$ 或 $\dfrac{a}{b}=\dfrac{c}{d}$，其中 a、d 叫作比例外项；b、c 叫作比例内项.

比例中项：当 $a:b=b:c$ 时，b 叫作 a 和 c 的比例中项，又称"等比中项". 当 a，b，c 均为正数时，b 是 a 和 c 的几何平均值.

典型例题

例15 甲与乙的比是 3∶2，丙与乙的比是 2∶3，则甲与丙的比是(　　).

(A)1∶1　　　　(B)3∶2　　　　(C)2∶3　　　　(D)9∶4　　　　(E)8∶5

【解析】设甲、乙、丙分别为 x、y、z，则 $\dfrac{x}{y}=\dfrac{3}{2}$，$\dfrac{z}{y}=\dfrac{2}{3}$，则

$$\frac{x}{z}=\frac{\dfrac{x}{y}}{\dfrac{z}{y}}=\frac{\dfrac{3}{2}}{\dfrac{2}{3}}=\frac{9}{4}.$$

【快速得分法】最小公倍数法.

令乙的值为 3 和 2 的最小公倍数 6，则可列出比例表格如表 1-1 所示.

表 1-1

甲	乙	丙
3	2	
	3	2
9	6	4

则甲为 9，丙为 4，故甲与丙之比为 9∶4.

【答案】(D)

例 16 一个酒瓶的容积为 1 升，则一满杯酒的容积为酒瓶容积的 $\dfrac{1}{8}$.

(1)瓶中有 $\dfrac{3}{4}$ 升酒，再倒入 1 满杯酒可使瓶中的酒增至 $\dfrac{7}{8}$ 升.

(2)瓶中有 $\dfrac{3}{4}$ 升酒，再从瓶中倒出 2 满杯酒可使瓶中的酒减至 $\dfrac{1}{2}$ 升.

【解析】设一满杯酒的容积为 x 升.

条件(1)：$\dfrac{3}{4}+x=\dfrac{7}{8}$，解得 $x=\dfrac{1}{8}$，即一满杯酒的容积为酒瓶容积的 $\dfrac{1}{8}$，条件(1)充分.

条件(2)：$\dfrac{3}{4}-2x=\dfrac{1}{2}$，解得 $x=\dfrac{1}{8}$，即一满杯酒的容积为酒瓶容积的 $\dfrac{1}{8}$，条件(2)充分.

【答案】(D)

2. 比例的性质及定理

2.1 比例的基本性质

(1)内项积等于外项积，即若 $a\colon b=c\colon d$，则 $ad=bc$.

(2)比的基本性质：比的前项和后项都乘以或除以一个不为零的数，比值不变，即 $a\colon b=ak\colon bk=\dfrac{a}{k}\colon \dfrac{b}{k}(k\neq 0)$.

2.2 比例的常用定理

(1)等比定理：若已知 $\dfrac{a}{b}=\dfrac{c}{d}=\dfrac{e}{f}$，则 $\dfrac{a+c+e}{b+d+f}=\dfrac{a}{b}=\dfrac{c}{d}=\dfrac{e}{f}$（其中，分母之和不为 0）.

(2)合比定理：$\dfrac{a}{b}=\dfrac{c}{d}\Leftrightarrow\dfrac{a+b}{b}=\dfrac{c+d}{d}$ ①（等式左右同加 1）.

(3)分比定理：$\dfrac{a}{b}=\dfrac{c}{d}\Leftrightarrow\dfrac{a-b}{b}=\dfrac{c-d}{d}$②(等式左右同减 1).

(4)合分比定理：$\dfrac{a}{b}=\dfrac{c}{d}\Leftrightarrow\dfrac{a+b}{a-b}=\dfrac{c+d}{c-d}$(式①除以式②).

(5)更比定理：$\dfrac{a}{b}=\dfrac{c}{d}\Leftrightarrow\dfrac{a}{c}=\dfrac{b}{d}$.

(6)反比定理：$\dfrac{a}{b}=\dfrac{c}{d}\Leftrightarrow\dfrac{b}{a}=\dfrac{d}{c}$.

【注意】以上公式的任一分母均不等于 0.

典型例题

例 17 若 $a+b+c\neq0$，$\dfrac{2a+b}{c}=\dfrac{2b+c}{a}=\dfrac{2c+a}{b}=k$，则 k 的值为(　　).

(A)2　　　　(B)3　　　　(C)-2　　　　(D)-3　　　　(E)1

【解析】因为 $a+b+c\neq0$，故可以直接使用等比定理，分子、分母分别相加，得

$$\frac{2a+b}{c}=\frac{2b+c}{a}=\frac{2c+a}{b}=\frac{2a+b+2b+c+2c+a}{c+a+b}=\frac{3(a+b+c)}{a+b+c}=3,$$

故 $k=3$.

【答案】(B)

例 18 $\dfrac{a+b}{c+d}=\dfrac{\sqrt{a^2+b^2}}{\sqrt{c^2+d^2}}$ 成立.

(1)$\dfrac{a}{b}=\dfrac{c}{d}$，且 a，b，c，d 均为正数.

(2)$\dfrac{a}{b}=\dfrac{c}{d}$，且 a，b，c，d 均为负数.

【解析】应用合比定理，由 $\dfrac{a}{b}=\dfrac{c}{d}$，知

$$\frac{a}{b}=\frac{c}{d}\Rightarrow\frac{a}{b}+1=\frac{c}{d}+1\Rightarrow\frac{a+b}{b}=\frac{c+d}{d}\Rightarrow\frac{a+b}{c+d}=\frac{b}{d}\Rightarrow\frac{(a+b)^2}{(c+d)^2}=\frac{b^2}{d^2},$$

$$\frac{a}{b}=\frac{c}{d}\Rightarrow\frac{a^2}{b^2}=\frac{c^2}{d^2}\Rightarrow\frac{a^2}{b^2}+1=\frac{c^2}{d^2}+1\Rightarrow\frac{a^2+b^2}{b^2}=\frac{c^2+d^2}{d^2}\Rightarrow\frac{a^2+b^2}{c^2+d^2}=\frac{b^2}{d^2},$$

可知 $\dfrac{(a+b)^2}{(c+d)^2}=\dfrac{a^2+b^2}{c^2+d^2}$.

条件(1)：因为 a，b，c，d 均为正数，直接开平方，得

$$\frac{a+b}{c+d}=\sqrt{\frac{a^2+b^2}{c^2+d^2}},$$

条件(1)充分.

条件(2)：因为 a，b，c，d 均为负数，则 $\dfrac{a+b}{c+d}$ 为正数，故 $\dfrac{a+b}{c+d}=\sqrt{\dfrac{a^2+b^2}{c^2+d^2}}$，条件(2)充分.

【答案】(D)

⒊ 正比例和反比例

3.1 正比例

若两个变量 x，y，满足 $y=kx(k\neq0)$，则称 y 与 x 成正比例．

正比例函数的图像为过原点的直线．

3.2 反比例

若两个变量 x，y，满足 $y=\dfrac{k}{x}(k\neq0)$，则称 y 与 x 成反比例．

反比例函数的图像为关于原点对称的双曲线．

3.3 正比例函数与反比例函数的图像

函数		正比例函数	反比例函数
表达式		$y=kx(k\neq0)$	$y=\dfrac{k}{x}(k\neq0)$
图像	$k>0$		
	$k<0$		
性质	$k>0$	图像分布在一、三象限内，在每个象限内 y 值随着 x 值的增大而增大	图像分布在一、三象限内，在每个象限内 y 值随着 x 值的增大而减小
	$k<0$	图像分布在二、四象限内，在每个象限内 y 值随着 x 值的增大而减小	图像分布在二、四象限内，在每个象限内 y 值随着 x 值的增大而增大
自变量取值范围		全体实数	除 0 以外的全体实数
函数取值范围		全体实数	除 0 以外的全体实数

典型例题

例 19 若 y 与 $x-1$ 成正比，比例系数为 k_1；y 又与 $x+1$ 成反比，比例系数为 k_2，且 $k_1:k_2=2:3$，则 x 值为（　　）．

(A) $\pm\dfrac{\sqrt{15}}{3}$　　(B) $\dfrac{\sqrt{15}}{3}$　　(C) $-\dfrac{\sqrt{15}}{3}$　　(D) $\pm\dfrac{\sqrt{10}}{2}$　　(E) $-\dfrac{\sqrt{10}}{2}$

【解析】定义法．

根据比例关系，设

$$\begin{cases} y=k_1(x-1), & \text{①} \\ y=\dfrac{k_2}{x+1}, & \text{②} \end{cases}$$

用式①除以式②，可得 $1=\dfrac{k_1}{k_2}(x-1)(x+1)$，即 $x^2-1=\dfrac{3}{2}\Rightarrow x^2=\dfrac{5}{2}\Rightarrow x=\pm\dfrac{\sqrt{10}}{2}$.

【快速得分法】特殊值法.

可令 $k_1=2$，$k_2=3$，则有 $y=2(x-1)=\dfrac{3}{x+1}$，所以得 $x=\pm\dfrac{\sqrt{10}}{2}$.

【答案】(D)

例 20　老吕和冬雨星期六骑车去郊游，图 1-1 表示他们骑车的路程和时间的关系.

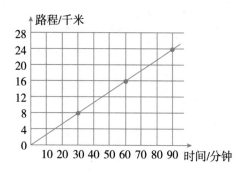

图 1-1

根据图像可知，他们 20 分钟大约行了(　)千米.

(A)5　　　　　(B)$\dfrac{16}{3}$　　　　(C)$\dfrac{17}{3}$　　　　(D)6　　　　(E)$\dfrac{19}{3}$

【解析】根据图像可知，他们的时间 t 和路程 s 成正比例，图像的斜率即为速度 v，取图像上一点 $(90,24)$，有

$$v=\frac{s}{t}=\frac{24}{90}=\frac{4}{15}(\text{千米/分钟}).$$

所以，20 分钟行走的路程为 $s'=vt'=\dfrac{4}{15}\times20=\dfrac{16}{3}(\text{千米}).$

【答案】(B)

◆ 本节习题自测 ◆

1. 有一个正的既约分数，如果其分子加上 24，分母加上 54 后，其分数值不变，那么，此既约分数的分子与分母的乘积等于(　).
   (A)24　　　　(B)30　　　　(C)32　　　　(D)36　　　　(E)48

2. 已知 $\dfrac{b+c}{a}=\dfrac{c+a}{b}=\dfrac{a+b}{c}=k(abc\neq0)$，求 $k=($ 　 $)$.
   (A)2　　　　(B)-2　　　　(C)2 或 3　　　　(D)1 或 -2　　　　(E)2 或 -1

3. 设 $a>0>b>c$，$a+b+c=1$，$M=\dfrac{b+c}{a}$，$N=\dfrac{a+c}{b}$，$P=\dfrac{a+b}{c}$，则 M，N，P 之间的关系是（ ）．

(A) $P>M>N$

(B) $M>N>P$

(C) $N>P>M$

(D) $M>P>N$

(E) 以上选项均不正确

4. 某公司得到一笔贷款共 68 万元，用于下属三个工厂的设备改造，结果甲、乙、丙三个车间按比例分别得到 36 万元、24 万元和 8 万元．

(1) 甲、乙、丙三个工厂按 $\dfrac{1}{2}:\dfrac{1}{3}:\dfrac{1}{9}$ 的比例分配贷款．

(2) 甲、乙、丙三个工厂按 $9:6:2$ 的比例分配贷款．

习题详解

1. (D)

【解析】设既约分数为 $\dfrac{n}{m}$，根据等比定理有 $\dfrac{n}{m}=\dfrac{n+24}{m+54}=\dfrac{24}{54}=\dfrac{4}{9}$，由于 m、n 互质，所以 $mn=36$．

2. (E)

【解析】分情况讨论：

① $a+b+c\neq0$，根据等比定理，原式可化为 $\dfrac{(b+c)+(c+a)+(a+b)}{a+b+c}=k$，整理得 $\dfrac{2(a+b+c)}{a+b+c}=k$，即 $k=2$．

② $a+b+c=0$，$b+c=-a$，所以 $k=\dfrac{b+c}{a}=\dfrac{-a}{a}=-1$．

综上，可得 $k=-1$ 或 2．

3. (D)

【解析】$M=\dfrac{b+c}{a}$，$N=\dfrac{a+c}{b}$，$P=\dfrac{a+b}{c}$．

$M+1=\dfrac{b+c+a}{a}=\dfrac{1}{a}$，$N+1=\dfrac{a+c+b}{b}=\dfrac{1}{b}$，$P+1=\dfrac{a+b+c}{c}=\dfrac{1}{c}$．

又因为 $a>0>b>c$，则 $N+1<P+1<M+1\Rightarrow N<P<M$．

【快速得分法】此题也可以用特殊值法判断．

4. (D)

【解析】由条件 (1)，$\dfrac{1}{2}:\dfrac{1}{3}:\dfrac{1}{9}=9:6:2$，可知条件 (1) 与条件 (2) 等价．

设比例系数为 $k(k\neq0)$，则依题意有 $9k+6k+2k=68$，解得 $k=4$．

甲：$9\times4=36$（万元）；乙：$6\times4=24$（万元）；丙：$2\times4=8$（万元）．

所以条件 (1) 和条件 (2) 都充分．

第 **3** 节 绝对值

1. 数轴

规定了原点、正方向和单位长度的直线叫数轴. 所有的实数都可以用数轴上的点来表示，也可以用数轴来比较两个实数的大小.

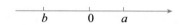

2. 绝对值

代数意义： $|a| = \begin{cases} a, & a > 0, \\ 0, & a = 0, \\ -a, & a < 0. \end{cases}$

几何意义： $|a|$ 表示在数轴上 a 点与原点 0 之间的距离.

$|a-b|$ 表示在数轴上 a 点与 b 点之间的距离.

典型例题

例21 $|a| + |b| + |c| - |a+b| + |b-c| - |c-a| = a+b-c$.

(1) a, b, c 在数轴上的位置如下：

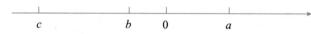

(2) a, b, c 在数轴上的位置如下：

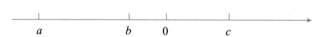

【解析】条件(1)：由 a, b, c 在数轴上的位置关系得

$|a| + |b| + |c| - |a+b| + |b-c| - |c-a| = a - b - c - a - b + b - c - a + c = -a - b - c$.

所以，条件(1)不充分.

条件(2)：由 a, b, c 在数轴上的位置关系得

$|a| + |b| + |c| - |a+b| + |b-c| - |c-a| = -a - b + c + a + b - b + c + a - c = a - b + c$.

所以，条件(2)不充分.

两个条件无法联立.

【答案】(E)

例22 已知 $|a| = 5$，$|b| = 7$，$ab < 0$，则 $|a-b| = ($).

(A)2   (B)-2 (C)12   (D)-12 (E)0

【解析】

方法一：由 $ab < 0$，可知 $a = 5$，$b = -7$ 或 $a = -5$，$b = 7$，分别代入得 $|a-b| = 12$.

方法二：绝对值的几何意义.

$|a-b|$ 表示在数轴上 a 点与 b 点之间的距离. 当 $ab<0$ 时，a、b 两点在原点的两侧，画数轴易知，距离为 $|a-b|=|a|+|b|=5+7=12$.

【答案】(C)

例23 若 $|a|=\dfrac{1}{2}$，$|b|=1$，则 $|a+b|=($).

(A)$\dfrac{3}{2}$ 或 0　　　(B)$\dfrac{1}{2}$ 或 0　　　(C)$-\dfrac{1}{2}$　　　(D)$\dfrac{1}{2}$ 或 $\dfrac{3}{2}$　　　(E)$\dfrac{1}{2}$ 或 -1

【解析】

$|a|=\dfrac{1}{2}\Rightarrow a=\pm\dfrac{1}{2}$；$|b|=1\Rightarrow b=\pm 1$.

讨论：(1)若 $a=\dfrac{1}{2}$.

①$b=1$，则 $|a+b|=\left|\dfrac{1}{2}+1\right|=\dfrac{3}{2}$；

②$b=-1$，则 $|a+b|=\left|\dfrac{1}{2}-1\right|=\dfrac{1}{2}$.

(2)若 $a=-\dfrac{1}{2}$.

①$b=1$，则 $|a+b|=\left|-\dfrac{1}{2}+1\right|=\dfrac{1}{2}$；

②$b=-1$，则 $|a+b|=\left|-\dfrac{1}{2}-1\right|=\dfrac{3}{2}$.

综上，可得 $|a+b|=\dfrac{1}{2}$ 或 $\dfrac{3}{2}$.

【快速得分法】排除法.

由绝对值的非负性，知 $|a+b|\geqslant 0$，所以排除(C)、(E)项；显然 $|a+b|\neq 0$，因为 a,b 不可能互为相反数，所以排除(A)、(B)项.

【答案】(D)

例24 设 a，b，c 为整数，且 $|a-b|^{20}+|c-a|^{41}=1$，则 $|a-b|+|a-c|+|b-c|=($).

(A)2　　　　(B)3　　　　(C)4　　　　(D)-3　　　　(E)-2

【解析】观察选项可知，答案只能是一种情况，故可用特殊值法.

令 $a=b=0$，$c=1$，代入可得 $|a-b|+|a-c|+|b-c|=2$.

【答案】(A)

例25 实数 a，b 满足：$|a|(a+b)>a|a+b|$.

(1)$a<0$.

(2)$b>-a$.

【解析】条件(1)：举反例，令 $a=-1$，$b=1$，显然不充分.

条件(2)：举反例，令 $a=0$，显然不充分.

联立两个条件：

由条件(2)可得 $a+b>0$，所以 $a+b=|a+b|$，原不等式可化为 $|a|>a$.

由条件(1) $a<0$，可知 $|a|>a$ 成立.

故两个条件联立起来充分.

【答案】(C)

3. 绝对值的性质

(1)非负性：$|a|\geqslant0$，$|a|+b^2+\sqrt{c}\leqslant0\Rightarrow a=b=c=0$.

(2)对称性：$|-a|=|a|$.

(3)等价性：$|a|=\sqrt{a^2}$，$|a|^2=|a^2|=|-a|^2=a^2$.

(4)自比性：$\dfrac{|a|}{a}=\dfrac{a}{|a|}=\begin{cases}1,\ a>0,\\-1,\ a<0.\end{cases}$

(5)$|a\cdot b|=|a|\cdot|b|$，$\left|\dfrac{a}{b}\right|=\dfrac{|a|}{|b|}$.

(6)基本不等式：$-|a|\leqslant a\leqslant|a|$.

典型例题

例 26 $|3x+2|+2x^2-12xy+18y^2=0$，则 $2y-3x=($ 　　$)$.

(A) $-\dfrac{14}{9}$ 　　(B) $-\dfrac{2}{9}$ 　　(C) 0 　　(D) $\dfrac{2}{9}$ 　　(E) $\dfrac{14}{9}$

【解析】原式可化为 $|3x+2|+2(x-3y)^2=0\Rightarrow x=-\dfrac{2}{3}$，$y=-\dfrac{2}{9}$，所以 $2y-3x=\dfrac{14}{9}$.

【答案】(E)

例 27 若 $|a+b+1|$ 与 $(a-b+1)^2$ 互为相反数，则 a 与 b 的大小关系是($ 　　$)$.

(A) $a>b$ 　　　　　　　(B) $a=b$ 　　　　　　　(C) $a<b$

(D) $a\geqslant b$ 　　　　　　　(E)以上选项均不正确

【解析】由题意，知 $|a+b+1|=-(a-b+1)^2$，即 $|a+b+1|+(a-b+1)^2=0$，故

$$\begin{cases}a+b+1=0,\\a-b+1=0\end{cases}\Rightarrow\begin{cases}a=-1,\\b=0,\end{cases}$$

所以 $a<b$.

【答案】(C)

例 28 代数式 $\dfrac{|a|}{a}+\dfrac{|b|}{b}+\dfrac{|c|}{c}$ 的可能取值有($ 　　$)$.

(A)1 种 　　(B)2 种 　　(C)3 种 　　(D)4 种 　　(E)5 种

【解析】当 a,b,c 为三负时，结果为 -3；

当 a,b,c 为三正时，结果为 3；

当 a,b,c 为两正一负时，结果为 1；

当 a,b,c 为一正两负时，结果为 -1.

故有 4 种可能的取值.

【答案】(D)

4. 三角不等式

(1) $||a|-|b||\leqslant|a+b|\leqslant|a|+|b|$.

等号成立的条件：

左边等号：$ab\leqslant0$；右边等号：$ab\geqslant0$.

口诀：左异右同，可以为零(即左边等号成立的条件是 a，b 异号，右边等号成立的条件是 a，b 同号，a，b 中的任意一个为零，等号也成立).

(2) $||a|-|b||\leqslant|a-b|\leqslant|a|+|b|$.

等号成立的条件：

左边等号：$ab\geqslant0$；右边等号：$ab\leqslant0$.

口诀：左同右异，可以为零(即左边等号成立的条件是 a，b 同号，右边等号成立的条件是 a，b 异号，a，b 中的任意一个为零，等号也成立).

典型例题

例 29 $f(x)$ 有最小值 2.

(1) $f(x)=\left|x-\dfrac{5}{12}\right|+\left|x-\dfrac{1}{12}\right|$.

(2) $f(x)=|x-2|+|4-x|$.

【解析】三角不等式.

条件(1)：$f(x)=\left|x-\dfrac{5}{12}\right|+\left|x-\dfrac{1}{12}\right|\geqslant\left|x-\dfrac{5}{12}-x+\dfrac{1}{12}\right|=\dfrac{1}{3}$，条件(1)不充分.

条件(2)：$f(x)=|x-2|+|4-x|\geqslant|x-2+4-x|=2$，条件(2)充分.

【答案】(B)

例 30 x，y 是实数，则 $|x|+|y|=|x-y|$.

(1) $x>0$，$y<0$.　　　　　(2) $x<0$，$y>0$.

【解析】方法一：三角不等式 $|x-y|\leqslant|x|+|y|$，当 x、y 异号时等号恒成立，故两个条件都成立.

方法二：绝对值的几何意义.

$|x-y|$ 表示数轴上点 x 与点 y 之间的距离. 当 x、y 异号时，点 x、点 y 位于原点的两侧，点 x 与点 y 的距离为 x、y 到原点的距离之和，即 $|x-y|=|x|+|y|$.

【答案】(D)

❧ 本节习题自测 ❧

1. 已知 $\dfrac{|x+y|}{x-y}=2$，则 $\dfrac{x}{y}$ 等于(　　　).

(A)$\dfrac{1}{2}$ 　　　(B)3 　　　(C)$\dfrac{1}{3}$ 或 3 　　　(D)$\dfrac{1}{2}$ 或 $\dfrac{1}{3}$ 　　　(E)3 或 $\dfrac{1}{2}$

2. 已知 $|x-a|\leqslant 1$，$|y-x|\leqslant 1$，则有(　　).

(A)$|y-a|\leqslant 2$ 　　　　(B)$|y-a|\leqslant 1$ 　　　　(C)$|y+a|\leqslant 2$

(D)$|y+a|\leqslant 1$ 　　　　(E)以上选项均不正确

3. 已知 $(x-2y+1)^2+\sqrt{x-1}+|2x-y+z|=0$，则 $x^{y+z}=($　　).

(A)1 　　　(B)2 　　　(C)3 　　　(D)4 　　　(E)5

4. 已知 $|a-1|=3$，$|b|=4$，$b>ab$，则 $|a-1-b|=($　　).

(A)1 　　　(B)7 　　　(C)5 　　　(D)16 　　　(E)以上选项均不正确

5. 已知 a，b，c 都是有理数，且满足 $\dfrac{|a|}{a}+\dfrac{|b|}{b}+\dfrac{|c|}{c}=1$，则 $\dfrac{abc}{|abc|}=($　　).

(A)0 　　　(B)1 　　　(C)-1 　　　(D)2 　　　(E)以上选项均不正确

6. 已知 $\sqrt{x^3+2x^2}=-x\sqrt{2+x}$，则 x 的取值范围是(　　).

(A)$x<0$ 　　　　(B)$x\geqslant -2$ 　　　　(C)$-2\leqslant x\leqslant 0$

(D)$-2<x<0$ 　　　　(E)以上选项均不正确

7. $x=8$.

(1)$|x-3|=5$. 　　　　(2)$|x-2|=6$.

8. 不等式 $|1-x|+|1+x|=2$.

(1)$x\in[-1,1]$. 　　　　(2)$x\in(-\infty,-1)\cup(1,+\infty)$.

● 习题详解

1.(C)

【解析】若 $x+y<0$，则方程可化为 $-x-y=2x-2y$，解得 $\dfrac{x}{y}=\dfrac{1}{3}$.

若 $x+y>0$，则方程可化为 $x+y=2x-2y$，解得 $\dfrac{x}{y}=3$.

2.(A)

【解析】由三角不等式可知，$|y-a|=|(y-x)+(x-a)|\leqslant|y-x|+|x-a|$，由于 $|y-x|\leqslant 1$，$|x-a|\leqslant 1$，所以 $|y-a|\leqslant 2$.

3.(A)

【解析】根据非负性得 $\begin{cases}x-2y+1=0,\\x-1=0,\\2x-y+z=0\end{cases}\Rightarrow\begin{cases}x=1,\\y=1,\\z=-1.\end{cases}$ 所以 $x^{y+z}=1^0=1$.

4.(B)

【解析】方法一：分组讨论：

①$b=4\Rightarrow a<1\Rightarrow|a-1|=1-a=3\Rightarrow a=-2\Rightarrow|a-1-b|=7$；

②$b=-4\Rightarrow a>1\Rightarrow|a-1|=a-1=3\Rightarrow a=4\Rightarrow|a-1-b|=7$.

方法二：三角不等式法.

因为 $b>ab$，移项提公因式，可得 $(a-1)b<0$，故 $a-1$ 和 b 异号，可运用三角不等式等号成立的条件，可知当 $a-1$ 和 b 异号时，$|a-1-b|=|a-1|+|b|=3+4=7$.

5. (C)

【解析】因为 $\dfrac{|a|}{a}+\dfrac{|b|}{b}+\dfrac{|c|}{c}=1$，所以 a，b，c 为两正一负.

故 abc 为负数，$\dfrac{abc}{|abc|}=\dfrac{abc}{-abc}=-1$.

6. (C)

【解析】已知条件可化简为 $|x|\sqrt{x+2}=-x\sqrt{2+x}$，即 $|x|=-x$，故 $x\leqslant 0$，又由非负性可知 $x+2\geqslant 0$，即 $x\geqslant -2$，故 $-2\leqslant x\leqslant 0$.

7. (C)

【解析】条件(1)：$|x-3|=5$，即 $x-3=5$ 或 $x-3=-5$，解得 $x=8$ 或 $x=-2$，所以条件(1)不充分.

条件(2)：$|x-2|=6$，即 $x-2=6$ 或 $x-2=-6$，解得 $x=8$ 或 $x=-4$，所以条件(2)不充分.

条件(1)和条件(2)联立可以推出 $x=8$. 故两个条件联立充分.

8. (A)

【解析】根据三角不等式 $||a|-|b||\leqslant|a+b|\leqslant|a|+|b|$，可将 $1-x$ 看作 a，$1+x$ 看作 b，得

$$||1-x|-|1+x||\leqslant|(1-x)+(1+x)|\leqslant|1-x|+|1+x|,$$

右边一组不等式可化简为 $2\leqslant|1-x|+|1+x|$，再根据三角不等式等号成立的条件，可知当 $(1-x)(1+x)\geqslant 0$ 时，右边等号成立，解得 $-1\leqslant x\leqslant 1$，条件(1)充分，条件(2)不充分.

第4节 平均值和方差

1. 算术平均值和几何平均值

1.1 算术平均值

n 个数 x_1，x_2，x_3，$\cdots$，x_n 的算术平均值为 $\dfrac{x_1+x_2+x_3+\cdots+x_n}{n}$，记为 $\overline{x}=\dfrac{1}{n}\displaystyle\sum_{i=1}^{n}x_i$，也可记作 $E(x)$.

性质：$E(ax+b)=aE(x)+b(a\neq 0，b\neq 0)$，即该组数据中的每个数字都乘以一个非零的数字 a，平均值变为原来的 a 倍；该组数据中的每个数字都加上一个非零的数字 b，平均值在原先的基础上增加 b.

1.2 几何平均值

n 个正数 x_1，x_2，x_3，$\cdots$，x_n 的几何平均值为 $\sqrt[n]{x_1\cdot x_2\cdot x_3\cdot\cdots\cdot x_n}$，记为 $G=\sqrt[n]{\displaystyle\prod_{i=1}^{n}x_i}$.

典型例题

例 31 如果 x_1，x_2，x_3 三个数的算术平均值为 5，则 x_1+2，x_2-3，x_3+6 与 8 的算术平均值为（ ）.

(A) $\dfrac{13}{4}$　　　　(B) $\dfrac{15}{2}$　　　　(C) 7　　　　(D) $\dfrac{13}{2}$　　　　(E) $\dfrac{46}{5}$

【解析】 已知 $\dfrac{x_1+x_2+x_3}{3}=5$，即 $x_1+x_2+x_3=15$，因此

$$\frac{(x_1+2)+(x_2-3)+(x_3+6)+8}{4}=\frac{x_1+x_2+x_3+13}{4}=\frac{28}{4}=7.$$

【答案】(C)

例 32 已知 a，b，c 是正数，而且 a，b，c 的几何平均值是 3，那么 a，b，c，48 的几何平均值为（ ）.

(A) 3　　　　　　　　(B) 6　　　　　　　　(C) 12

(D) 4　　　　　　　　(E) 以上选项均不正确

【解析】 由题意得 $\sqrt[3]{abc}=3\Rightarrow abc=27$，所以 $\sqrt[4]{abc\cdot48}=\sqrt[4]{27\times48}=\sqrt[4]{3^4\times2^4}=6$.

【答案】(B)

例 33 若 a，b，c 的算术平均值是 $\dfrac{14}{3}$，则几何平均值是 4.

(1) a，b，c 是满足 $a>b>c>1$ 的三个整数，$b=4$.

(2) a，b，c 是满足 $a>b>c>1$ 的三个整数，$b=2$.

【解析】 条件(1)：由 a，b，c 的算术平均值是 $\dfrac{a+b+c}{3}=\dfrac{14}{3}$，$b=4$，可得 $a+c=10$.

又因为 $a>b>c>1$ 且均为整数，所以 $a=7$，$c=3$ 或 $a=8$，$c=2$.

所以 a，b，c 的几何平均值是 $\sqrt[3]{84}$ 或 4，条件(1)不充分.

条件(2)：明显不充分，c 无取值. 两个条件无法联立.

【注意】 本题有大量考生错选(A)，是因为错把结论当成了条件，去推条件(1)和条件(2)，会推出条件(1)有解. 要注意条件充分性判断这种题型，是从条件(1)和条件(2)去推题干中的结论.

当然，有些题目适合从结论入手，此时的思路应该是先将结论等价变形（化简），再看条件是否能够推出结论.

【答案】(E)

2. 方差和标准差

2.1 方差

方差：一组数据中各个数据与这组数据的平均数的差的平方的平均数.

设一组数据 x_1，x_2，x_3，$\cdots$，x_n 的平均数为 $\bar{x}$，则该组数据方差的计算公式为

$$S^2 = \frac{1}{n}\left[(x_1 - \overline{x})^2 + (x_2 - \overline{x})^2 + \cdots + (x_n - \overline{x})^2\right],$$

也可记为 $D(x)$.

方差反映的是一组数据偏离平均值的情况，是反映一组数据的整体波动大小的特征的量. 方差越大，数据的波动越大；方差越小，数据的波动越小.

2.2 标准差

标准差：又称均方差，是方差的算术平方根.

设一组数据 x_1，x_2，x_3，$\cdots$，x_n 的平均数为 $\overline{x}$，则该组数据标准差的计算公式为

$$S = \sqrt{S^2} = \sqrt{\frac{1}{n}\left[(x_1 - \overline{x})^2 + (x_2 - \overline{x})^2 + \cdots + (x_n - \overline{x})^2\right]},$$

也可记为 $\sqrt{D(x)}$.

标准差也是反映数据波动的量. 标准差越大，数据的波动越大；标准差越小，数据的波动越小.

2.3 方差和标准差的性质

设一组数据 x_1，x_2，x_3，$\cdots$，x_n 的平均数为 $\overline{x}$，方差为 $D(x)$ 或 S^2，标准差为 $\sqrt{D(x)}$ 或 S，则

(1)$D(ax+b) = a^2 D(x)(a \neq 0$，$b \neq 0)$，即该组数据中的每个数字都乘以一个非零的数字 a，方差变为原来的 a^2 倍，标准差变为原来的 a 倍；该组数据中的每个数字都加上一个非零的数字 b，方差不变，标准差也不变.

(2)方差的简化公式：$S^2 = \frac{1}{n}\left[(x_1^2 + x_2^2 + \cdots + x_n^2) - n\overline{x}^2\right]$.

典型例题

例 34 已知一个样本 1，3，2，k，5 的标准差为 $\sqrt{2}$，则这个样本的平均数为(   ).

(A)1.5　　　　(B)2.5　　　　(C)3　　　　(D)3.5　　　　(E)以上选项均不正确

【解析】根据题意，得

$$S^2 = \frac{1}{n}\left[(x_1^2 + x_2^2 + \cdots + x_n^2) - n\overline{x}^2\right]$$

$$= \frac{1}{5} \times \left[(1^2 + 3^2 + 2^2 + k^2 + 5^2) - 5 \times \left(\frac{1+3+2+k+5}{5}\right)^2\right]$$

$$= (\sqrt{2})^2,$$

整理，得 $2k^2 - 11k + 12 = 0$，解得 $k = 4$ 或 $\frac{3}{2}$.

所以 $\overline{x} = \frac{1+3+2+k+5}{5} = 3$ 或 $\frac{5}{2}$.

【答案】(E)

例 35 为选拔奥运会射击运动员，举行一次选拔赛，甲、乙、丙各打 10 发子弹，命中的环

数如下：

甲：10，10，9，10，9，9，9，9，9，9；

乙：10，10，10，9，10，8，8，10，10，8；

丙：10，9，8，10，8，9，10，9，9，9.

根据这次成绩应该选拔（　　）去参加比赛.

(A)甲　　　　　　(B)乙　　　　　　(C)丙　　　　　　(D)乙和丙　　　(E)无法确定

【解析】通过计算可知，$\overline{x}_{甲}=9.3$，$\overline{x}_{乙}=9.3$，$\overline{x}_{丙}=9.1$，先淘汰丙.

$$S_{甲}^2=\frac{1}{10}\left[(10-9.3)^2+(10-9.3)^2+\cdots+(9-9.3)^2\right]=0.21.$$

$$S_{乙}^2=\frac{1}{10}\left[(10-9.3)^2+(10-9.3)^2+\cdots+(8-9.3)^2\right]=0.81.$$

由于 $S_{甲}^2<S_{乙}^2$，说明甲的成绩更稳定，应选甲参加比赛.

【快速得分法】计算出平均值之后，观察数据可知，甲的数据在 9～10 之间波动，而乙的数据在 8～10 之间波动，偏离平均值的情况更严重，稳定性更差，故应选甲参加比赛.

【答案】(A)

例36　某科研小组研制了一种水稻良种，第一年 5 块试验田的亩产分别为 1 000 千克，900 千克，1 100 千克，1 050 千克和 1 150 千克.第二年由于改进了种子质量，5 块试验田亩产分别为 1 050 千克，950 千克，1 150 千克，1 100 千克和 1 200 千克.则这两年的产量（　　）.

(A)平均值增加了，方差也增加了

(B)平均值增加了，方差减小了

(C)平均值增加了，方差不变

(D)平均值不变，方差也不变

(E)平均值减小了，方差不变

【解析】由平均值的性质 $E(ax+b)=aE(x)+b(a\neq0，b\neq0)$ 可知，本题中 $a=1$，$b=50$，故平均值增加了 50 千克.

由方差的性质 $D(ax+b)=a^2D(x)(a\neq0，b\neq0)$ 可知，在每个数据上均加上 50，方差不变.

【答案】(C)

3. 均值不等式

3.1　均值不等式

n 个正数 x_1，x_2，x_3，$\cdots$，x_n 的算术平均值大于等于它们的几何平均值，即

$$\frac{x_1+x_2+x_3+\cdots+x_n}{n}\geqslant\sqrt[n]{x_1\cdot x_2\cdot x_3\cdot\cdots\cdot x_n}.$$

当且仅当 $x_1=x_2=x_3=\cdots=x_n$ 时，等号成立.

结论：

①$x_1+x_2+x_3+\cdots+x_n\geqslant n\sqrt[n]{x_1\cdot x_2\cdot x_3\cdot\cdots\cdot x_n}$，$n$ 个正数的积有定值时，和有最小值.

②$x_1 \cdot x_2 \cdot x_3 \cdot \cdots \cdot x_n \leqslant \left(\dfrac{x_1+x_2+x_3+\cdots+x_n}{n}\right)^n$，$n$ 个正数的和有定值时，积有最大值.

几个基本的不等式：

①$a+b \geqslant 2\sqrt{ab}$（a，b 均为正数，$a=b$ 时等号成立）；

②$a+b+c \geqslant 3\sqrt[3]{abc}$（$a$，$b$，$c$ 均为正数，$a=b=c$ 时等号成立）；

③$a^2+b^2 \geqslant 2ab$（此不等式恒成立，$a=b$ 时等号成立）.

3.2　对勾函数

函数 $y=x+\dfrac{1}{x}$（或 $y=ax+\dfrac{b}{x}$，$a\neq0$，$b\neq0$）的图像形如两个"对勾"，因此将这个函数称为

对勾函数. 对于 $y=x+\dfrac{1}{x}$，当 $x>0$ 时，此函数有最小值 2；当 $x<0$ 时，此函数有最大值 -2.

故此函数的值域为 $(-\infty, -2]\cup[2, +\infty)$.

图像如图 1-2 所示：

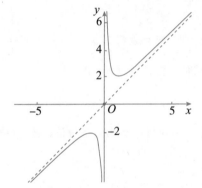

$\left(\text{注：虚线：}g(x)=x \text{ 是渐近线；实线：}y=x+\dfrac{1}{x}\right)$

图 1-2

典型例题

例 37　函数 $y=x+\dfrac{1}{x}\left(\dfrac{1}{2}\leqslant x\leqslant 3\right)$ 的最大值为(　　).

(A)2　　　　　　(B)$\dfrac{5}{2}$　　　　　　(C)-2　　　　　　(D)$\dfrac{10}{3}$　　　　　　(E)无最大值

【解析】由对勾函数图像，可知 $\dfrac{1}{2}\leqslant x\leqslant 1$ 为单调递减区间，$1<x\leqslant 3$ 为单调递增区间，故最大

值在定义域的端点处取得. 代入 $x=\dfrac{1}{2}$，得 $y=\dfrac{5}{2}$；代入 $x=3$，得 $y=\dfrac{10}{3}$，比较可得最大值为 $\dfrac{10}{3}$.

【答案】(D)

例 38　函数 $y=x+\dfrac{4}{x^2}(x>0)$ 的最小值为(　　).

(A)5　　　　　(B)$\dfrac{3\sqrt[3]{6}}{2}$　　　　(C)3　　　　　(D)1　　　　　(E)无最小值

【解析】拆项法．

使用均值不等式时，看到 x 和 $\dfrac{4}{x^2}$ 的分母的次数不一样，将次数较小的部分拆成相等的项，即将 x 拆为 $\dfrac{x}{2}+\dfrac{x}{2}$，构造出积有定值的情况，故有

$$y=x+\frac{4}{x^2}=\frac{x}{2}+\frac{x}{2}+\frac{4}{x^2}\geqslant 3\sqrt[3]{\frac{x}{2}\cdot\frac{x}{2}\cdot\frac{4}{x^2}}=3.$$

【答案】(C)

例 39　已知 x，y 均为正整数，若它们的算术平均值为 2，几何平均值也为 2，则 x，y 分别等于（　　）．

(A)1，3　　　　　　　　(B)2，2　　　　　　　　(C)3，1

(D)1，3 或 2，2　　　　(E)3，1 或 2，2

【解析】由 $\dfrac{x+y}{2}=2$ 及 $\sqrt{xy}=2$，可分别得到 $x=4-y$ 及 $xy=4$．

两式联立得 $4y-y^2=4$，解得 $y=2$，所以 $x=2$．

【快速得分法】由均值不等式可知，$\dfrac{x+y}{2}\geqslant\sqrt{xy}\,(x>0$，$y>0)$，当且仅当 $x=y$ 时，等号成立，即只有当两正数相等时，算术平均值等于几何平均值，故 $x=y=2$．

【答案】(B)

● 本节习题自测 ●

1. 设 $x>0$，$y>0$，x，y 的算术平均值为 6，$\dfrac{1}{x}$，$\dfrac{1}{y}$ 的算术平均值为 2，则 x，y 的等比中项为（　　）．

(A)$\sqrt{3}$　　　　(B)$\pm\sqrt{3}$　　　　(C)12　　　　(D)24　　　　(E)28

2. 数据 -1，0，3，5，x 的方差是 $\dfrac{34}{5}$，则 $x=$（　　）．

(A)-2 或 5.5　　　　　(B)2 或 5.5　　　　　(C)4 或 11

(D)-4 或 11　　　　　(E)3 或 10

3. 已知 $x>0$，$y>0$，$xy=2$，则 $x+2y$ 的最小值（　　）．

(A)1　　　　(B)2　　　　(C)3　　　　(D)4　　　　(E)5

4. 若 $x\geqslant 0$，则 $y=x+\dfrac{4}{x+2}+1$ 的最小值为（　　）．

(A)2　　　　(B)$2\sqrt{2}$　　　　(C)$\sqrt{2}+1$　　　　(D)3　　　　(E)5

习题详解

1. （B）

【解析】由题意得 $x+y=12$，$\dfrac{1}{x}+\dfrac{1}{y}=\dfrac{x+y}{xy}=4$，故 $xy=3$，所以 x，y 的等比中项为 $\pm\sqrt{3}$.

2. （A）

【解析】由方差公式可知

$$S^2=\frac{1}{n}\left[(x_1{}^2+x_2{}^2+\cdots+x_n{}^2)-n\,\overline{x}^2\right]$$

$$=\frac{1}{5}\left[\left((-1)^2+0^2+3^2+x^2+5^2\right)-5\left(\frac{-1+0+3+5+x}{5}\right)^2\right]$$

$$=\frac{34}{5},$$

整理得 $2x^2-7x-22=0$，解得 $x=-2$ 或 5.5.

3. （D）

【解析】$x>0$，$y>0$，故可以使用均值不等式，得

$$x+2y\geqslant 2\sqrt{x\cdot 2y}=2\sqrt{2xy},$$

将 $xy=2$ 代入上述式子，可得 $x+2y\geqslant 2\sqrt{2\times 2}=4$，故 $x+2y$ 的最小值是 4.

4. （D）

【解析】由于 $x\geqslant 0$，由均值不等式可得

$$y=x+\frac{4}{x+2}+1=(x+2)+\frac{4}{x+2}-1\geqslant 2\sqrt{(x+2)\cdot\frac{4}{x+2}}-1=3.$$

当 $x+2=\dfrac{4}{x+2}$ 时，y 取得最小值，即 $(x+2)^2=4\Rightarrow x=0$，满足定义域．

故 $y=x+\dfrac{4}{x+2}+1$ 的最小值为 3.

第2章 整式与分式

本章考点大纲原文

1. 整式
(1) 整式及其运算
(2) 整式的因式与因式分解
2. 分式及其运算

听本章课程

本章知识架构

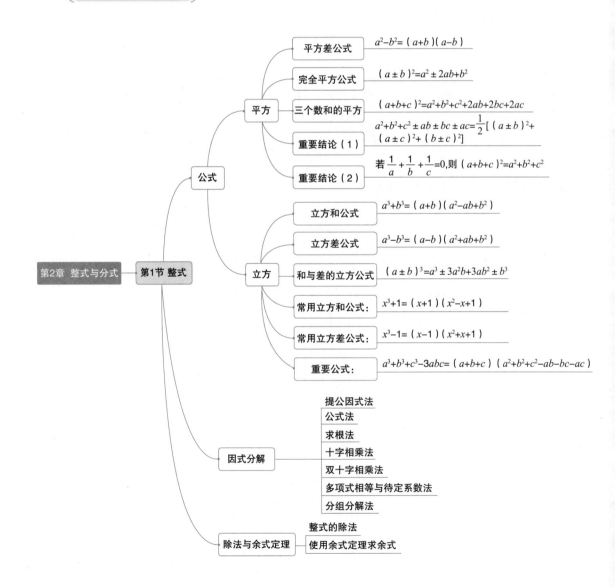

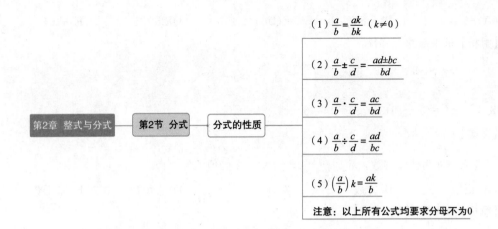

（1）$\dfrac{a}{b}=\dfrac{ak}{bk}$（$k\neq0$）

（2）$\dfrac{a}{b}\pm\dfrac{c}{d}=\dfrac{ad\pm bc}{bd}$

（3）$\dfrac{a}{b}\cdot\dfrac{c}{d}=\dfrac{ac}{bd}$

（4）$\dfrac{a}{b}\div\dfrac{c}{d}=\dfrac{ad}{bc}$

（5）$\left(\dfrac{a}{b}\right)k=\dfrac{ak}{b}$

注意：以上所有公式均要求分母不为0

第 **1** 节 整式

1. 整式的相关概念

（1）单项式

有限个数字与字母的乘积叫作单项式.

（2）多项式

有限个单项式的和是多项式.

（3）整式

单项式和多项式统称为整式.

（4）同类项

若单项式所含字母相同，并且相同字母的次数也相同，则称为同类项.

2. 整式的运算公式

2.1 与平方有关的公式

平方差公式：$a^2-b^2=(a+b)(a-b)$.

完全平方公式：$(a\pm b)^2=a^2\pm2ab+b^2$.

三个数和的平方：$(a+b+c)^2=a^2+b^2+c^2+2ab+2bc+2ac$.

重要结论（1）：$a^2+b^2+c^2\pm ab\pm bc\pm ac=\dfrac{1}{2}\left[(a\pm b)^2+(a\pm c)^2+(b\pm c)^2\right]$.

重要结论（2）：若 $\dfrac{1}{a}+\dfrac{1}{b}+\dfrac{1}{c}=0$，则 $(a+b+c)^2=a^2+b^2+c^2$.

典型例题

例1 已知 $x-y=2$，$y-z=4$，$x+z=14$，则 $x^2-z^2=($ $)$.

(A)84　　　　　(B)−84　　　　　(C)64　　　　　(D)28　　　　　(E)−64

【解析】根据题意，可得

$$\begin{cases} x-y=2, \\ y-z=4 \end{cases} \Rightarrow x-z=6.$$

故 $x^2-z^2=(x+z)(x-z)=14\times 6=84.$

【答案】(A)

例2　x，y 为任意实数，$x^2+y^2-2x+6y+22$ 的值为(　　　).

(A)正数　　　(B)负数　　　(C)0　　　(D)非负数　　　(E)非正数

【解析】由题可得

$$x^2+y^2-2x+6y+22 = x^2-2x+1+y^2+6y+9+12$$
$$=(x-1)^2+(y+3)^2+12$$
$$\geqslant 12>0.$$

由此可得，$x^2+y^2-2x+6y+22$ 的值为正数.

【答案】(A)

例3　已知 $x-y=5$，且 $z-y=10$，则整式 $x^2+y^2+z^2-xy-yz-zx$ 的值为(　　　).

(A)105　　　　　　　　(B)75　　　　　　　　(C)55

(D)35　　　　　　　　(E)25

【解析】根据题意，可得

$$\begin{cases} x-y=5, \\ z-y=10 \end{cases} \Rightarrow z-x=5.$$

由重要结论(1)可得

$$x^2+y^2+z^2-xy-yz-zx = \frac{1}{2}\left[(x-y)^2+(y-z)^2+(z-x)^2\right]$$
$$=\frac{1}{2}\left[5^2+(-10)^2+5^2\right]=75.$$

【答案】(B)

例4　$(a-2b+c)^2$ 的值为(　　　).

(A)$a^2+4b^2+c^2-4ab+4ac-2bc$

(B)$a^2+4b^2+c^2-4ab+2ac-4bc$

(C)$a^2-4b^2+c^2-4ab+4ac-2bc$

(D)$a^2-4b^2+c^2-4ab+2ac-4bc$

(E)$a^2+4b^2+c^2-4ab-2ac-4bc$

【解析】由三个数和的平方公式，可得

$$(a-2b+c)^2 = a^2+(-2b)^2+c^2+2a\cdot(-2b)+2ac+2\cdot(-2b)\cdot c$$
$$=a^2+4b^2+c^2-4ab+2ac-4bc.$$

【答案】(B)

2.2 与立方有关的公式

立方和公式：$a^3+b^3=(a+b)(a^2-ab+b^2)$.

立方差公式：$a^3-b^3=(a-b)(a^2+ab+b^2)$.

和与差的立方公式：$(a\pm b)^3=a^3\pm3a^2b+3ab^2\pm b^3$.

常把1看作1^3：$x^3+1=(x+1)(x^2-x+1)$；$x^3-1=(x-1)(x^2+x+1)$.

重要公式：$a^3+b^3+c^3-3abc=(a+b+c)(a^2+b^2+c^2-ab-bc-ac)$.

典型例题

例5 将 x^3+6x-7 因式分解为( ).

(A) $(x-1)(x^2+x+7)$

(B) $(x+1)(x^2+x+7)$

(C) $(x-1)(x^2+x-7)$

(D) $(x-1)(x^2-x+7)$

(E) $(x-1)(x^2-x-7)$

【解析】把1看作1^3，应用公式可得

$$原式=x^3-1+6x-6$$
$$=(x-1)(x^2+x+1)+6(x-1)$$
$$=(x-1)(x^2+x+7).$$

【答案】(A)

例6 已知 $abc\neq0$，$a+b+c=0$，则 $a^3+b^3+c^3-3abc=($).

(A) -2　　　　(B) -1　　　　(C) 0　　　　(D) 1　　　　(E) 2

【解析】应用和与差的立方、立方和公式，可得

$$a^3+b^3+c^3-3abc=(a+b)^3-3a^2b-3ab^2+c^3-3abc$$
$$=(a+b)^3+c^3-3a^2b-3ab^2-3abc$$
$$=(a+b+c)[(a+b)^2-(a+b)c+c^2]-3ab(a+b+c)$$
$$=(a+b+c)(a^2+2ab+b^2-ac-bc+c^2)-3ab(a+b+c)$$
$$=(a+b+c)(a^2+2ab+b^2-ac-bc+c^2-3ab)$$
$$=(a+b+c)(a^2+b^2+c^2-ab-ac-bc)$$
$$=0.$$

【答案】(C)

3. 因式分解

3.1 提公因式法

如果多项式的各项有公因式，可以把这个公因式提到括号外面，将多项式写成因式乘积的形式，这种分解因式的方法叫作提公因式法.

典型例题

例7 将 x^2-x 因式分解.

【解析】x^2 与 $-x$ 都有因式 x，故可将其提到括号外面，因此因式分解为 $x^2-x=x(x-1)$.

【答案】$x(x-1)$

3.2 公式法

直接运用上文中的公式进行因式分解，称为公式法分解因式.

典型例题

例8 将 $1-x^4$ 因式分解.

【解析】利用平方差公式，$1-x^4=(1+x^2)(1-x^2)=(1+x^2)(1+x)(1-x)$.

【答案】$(1+x^2)(1+x)(1-x)$

3.3 求根法

若方程 $a_0x^n+a_1x^{n-1}+a_2x^{n-2}+\cdots+a_n=0$ 有 n 个根 x_1，x_2，x_3，$\cdots$，x_n，则多项式

$$a_0x^n+a_1x^{n-1}+a_2x^{n-2}+\cdots+a_n=a_0(x-x_1)(x-x_2)(x-x_3)\cdots(x-x_n).$$

典型例题

例9 将 x^3+7x-8 因式分解为（　　）.

(A)$(x-1)(x^2+x-8)$

(B)$(x-1)(x^2-x+8)$

(C)$(x+1)(x^2+x+8)$

(D)$(x+1)(x^2+x-8)$

(E)$(x-1)(x^2+x+8)$

【解析】观察易知 $x^3+7x-8=0$ 有根 $x=1$，故 $x-1$ 是 x^3+7x-8 的因式.

因此，分解出 $x-1$，可得

$$x^3+7x-8=x^3-1+7x-7$$
$$=(x-1)(x^2+x+1)+7(x-1)$$
$$=(x-1)(x^2+x+8).$$

【答案】(E)

3.4 十字相乘法

十字相乘法能用于二次三项式（ax^2+bx+c）的分解因式，分解为（a_1x+c_1）（a_2x+c_2）的形式. 其中，$a_1a_2=a$，$c_1c_2=c$，$a_1c_2+a_2c_1=b$.

典型例题

例10 将 $2x^2+11x-6$ 分解因式.

【解析】使用十字相乘法，如图2-1所示，故

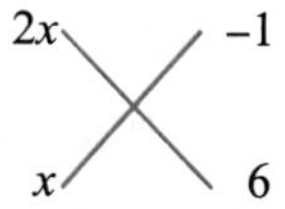

图 2-1

$$2x^2+11x-6=(2x-1)(x+6).$$

【答案】$(2x-1)(x+6)$

例 11 已知 $x>0$，$y>0$，将 $5x+6\sqrt{xy}-8y$ 分解因式．

【解析】因为 $x>0$，$y>0$，原式可化为 $5(\sqrt{x})^2+6\sqrt{x}\cdot\sqrt{y}-8(\sqrt{y})^2$．
用十字相乘法，如图 2-2 所示，故

$$5x+6\sqrt{xy}-8y=(5\sqrt{x}-4\sqrt{y})(\sqrt{x}+2\sqrt{y}).$$

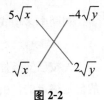

图 2-2

【答案】$(5\sqrt{x}-4\sqrt{y})(\sqrt{x}+2\sqrt{y})$

3.5 双十字相乘法

双十字相乘法的理论比较难以理解，请直接看下面的例子，更容易掌握这个知识点．

典型例题

例 12 将 $4x^2-4xy-3y^2-4x+10y-3$ 分解因式．

【解析】分解 x^2 项、y^2 项和常数项，去凑 xy 项、x 项和 y 项的系数，相当于兼顾 3 个二次多项式（$4x^2-4xy-3y^2$、$4x^2-4x-3$、$-3y^2+10y-3$）的十字相乘．所以，原式中的系数可以分解为如图 2-3 所示：

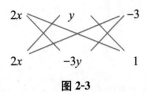

图 2-3

即

$$2x\cdot(-3y)+2x\cdot y=-4xy,$$
$$y\cdot1+(-3y)\cdot(-3)=10y,$$
$$2x\cdot1+2x\cdot(-3)=-4x.$$

故 $4x^2-4xy-3y^2-4x+10y-3=(2x+y-3)(2x-3y+1)$．

【答案】$(2x+y-3)(2x-3y+1)$

例 13 将 $4x^2-4xy-3y^2-4xz+10yz-3z^2$ 分解因式．

【解析】分解 x^2 项、y^2 项和 z^2 项，去凑 xy 项、xz 项和 yz 项的系数，相当于兼顾 3 个二元二次多项式（$4x^2-4xy-3y^2$、$4x^2-4xz-3z^2$、$-3y^2+10yz-3z^2$）的十字相乘．所以，原式中的系数可以分解为如图 2-4 所示：

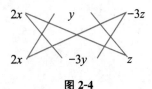

图 2-4

故 $4x^2-4xy-3y^2-4xz+10yz-3z^2=(2x+y-3z)(2x-3y+z)$.

【答案】$(2x+y-3z)(2x-3y+z)$

3.6 多项式相等与待定系数法

(1)多项式相等

若两个多项式的对应项系数均相等，则称这两个多项式是相等的.

(2)待定系数法分解因式

先按已知条件把原式假设成若干个因式的连乘积，这些因式中的系数可先用字母表示，它们的值是待定的，由于这些因式的连乘积与原式恒等，然后根据恒等原理，建立待定系数的方程组，最后解方程组即可求出待定系数的值.

典型例题

例 14 将 x^3-4x^2+2x+1 分解因式.

【解析】令 $x^3-4x^2+2x+1=(x+a)(x^2+bx+c)=x^3+(a+b)x^2+(ab+c)x+ac$.

根据恒等原理，对应项系数均相等，可得

$$\begin{cases} a+b=-4, \\ ab+c=2, \\ ac=1 \end{cases} \Rightarrow \begin{cases} a=-1, \\ b=-3, \\ c=-1. \end{cases}$$

故 $x^3-4x^2+2x+1=(x-1)(x^2-3x-1)$.

【答案】$(x-1)(x^2-3x-1)$

例 15 若 $x^2-3x+2xy+y^2-3y-40=(x+y+m)(x+y+n)$，则 $m^2+n^2=($ $)$.

(A)79   (B)89   (C)-3

(D)9   (E)120

【解析】方法一：待定系数法.

由题意，得

$$(x+y+m)(x+y+n)=x^2+(m+n)x+2xy+y^2+(m+n)y+mn.$$

根据恒等原理，对应项系数均相等，故有

$$\begin{cases} m+n=-3, \\ mn=-40. \end{cases}$$

故 $m^2+n^2=(m+n)^2-2mn=89$.

方法二：双十字相乘法.

$x^2-3x+2xy+y^2-3y-40=x^2+2xy+y^2-3x-3y-40$，应用双十字相乘法，如图 2-5 所示：

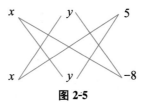

图 2-5

故 $x^2-3x+2xy+y^2-3y-40=(x+y+5)(x+y-8)$，即 $m=5$，$n=-8$，所以 $m^2+n^2=5^2+(-8)^2=89$.

【答案】(B)

3.7 分组分解法

分组分解法指通过分组的方式来分解提公因式，用于公式法无法直接分解的因式.

典型例题

例16 在实数的范围内，将 $(x+1)(x+2)(x+3)(x+4)-120$ 分解因式为( ).

(A) $(x+1)(x+6)(x^2+5x+16)$ (B) $(x-1)(x+6)(x^2+5x+16)$

(C) $(x-1)(x-6)(x^2+5x+16)$ (D) $(x+2)(x-3)(x^2+5x+16)$

(E) $(x-1)(x+6)(x^2+5x-16)$

【解析】分组分解法.

$$
\begin{aligned}
(x+1)(x+2)(x+3)(x+4)-120 &=[(x+1)(x+4)][(x+2)(x+3)]-120 \\
&=(x^2+5x+4)(x^2+5x+6)-120 \\
&=(x^2+5x)^2+10(x^2+5x)+24-120 \\
&=(x^2+5x)^2+10(x^2+5x)-96 \\
&=(x^2+5x+16)(x^2+5x-6) \\
&=(x-1)(x+6)(x^2+5x+16).
\end{aligned}
$$

【快速得分法】特值检验法、首尾项法.

原式的常数项为 -96，可排除(A)、(C)、(E)项，再令 $x=-2$，原式 $=-120$，(D)项多项式乘积等于 0，可排除(D)项. 故选(B).

【答案】(B)

4. 整式的除法与余式定理

4.1 整式的除法

典型例题

例17 $x^3+5x^2+2x+10$ 除以 $x+1$ 的余式为( ).

(A)0   (B)2   (C)6   (D)12   (E)18

【解析】使用竖除法.

$$
\require{enclose}
\begin{array}{r}
x^2+4x-2 \\
x+1 \enclose{longdiv}{x^3+5x^2+2x+10} \\
\underline{x^3+x^2} \\
4x^2+2x \\
\underline{4x^2+4x} \\
-2x+10 \\
\underline{-2x-2} \\
12
\end{array}
$$

故 $x^3+5x^2+2x+10=(x+1)(x^2+4x-2)+12$.

【答案】(D)

4.2 余式定理

若 $F(x)$ 除以 $f(x)$，得到的商式是 $g(x)$，余式是 $R(x)$，则 $F(x)=f(x)g(x)+R(x)$，其中 $R(x)$ 的次数小于 $f(x)$ 的次数. 则

(1)若有 $x=a$ 使 $f(a)=0$，则 $F(a)=R(a)$；

(2)$F(x)$ 除以 $(x-a)$ 的余式为 $F(a)$，$F(x)$ 除以 $(ax-b)$ 的余式为 $F\left(\dfrac{b}{a}\right)$；

(3)对于 $F(x)$，若 $x=a$ 时，$F(a)=0$，则 $x-a$ 是 $F(x)$ 的一个因式；若 $x-a$ 是 $F(x)$ 的一个因式，则 $F(a)=0$，也将此结论称为因式定理.

典型例题

例18 $\dfrac{x^3+5x^2+2x+10}{x-1}$ 的余式为（   ）.

(A)0　　　　(B)12　　　　(C)18　　　　(D)2　　　　(E)-1

【解析】方法一：使用竖除法.

$$\begin{array}{r} x^2+6x+8 \\ x-1{\overline{\smash{\big)}\,x^3+5x^2+2x+10}} \\ \underline{x^3-x^2} \\ 6x^2+2x \\ \underline{6x^2-6x} \\ 8x+10 \\ \underline{8x-8} \\ 18 \end{array}$$

故 $x^3+5x^2+2x+10=(x^2+6x+8)(x-1)+18$.

方法二：使用余式定理.

令 $x^3+5x^2+2x+10=(x-1)g(x)+a$，当 $x-1=0$，即 $x=1$ 时，除式等于零，此时被除式等于余式，故有 $f(1)=1^3+5\times1^2+2\times1+10=a$，解得 $a=18$.

【答案】(C)

例19 若多项式 $f(x)=x^3+a^2x^2+x-3a$ 能被 $x-1$ 整除，则实数 $a=$（   ）.

(A)0　　　　(B)1　　　　(C)0 或 1　　　　(D)2 或 -1　　　　(E)2 或 1

【解析】$f(x)$ 能被 $x-1$ 整除，即 $x-1$ 是 $f(x)$ 的一次因式，由因式定理，可令除式 $x-1=0$，得 $x=1$，所以 $f(1)=1^3+a^2\cdot1^2+1-3a=a^2-3a+2=0$，解得 $a=2$ 或 1.

【答案】(E)

例20 已知 $f(x)=x^3+2x^2+ax+b$ 除以 x^2-x-2 的余式为 $2x+1$，则 a,b 的值是（   ）.

(A)$a=1,b=3$　　　　(B)$a=-3,b=-1$　　　　(C)$a=-2,b=3$

(D)$a=1,b=-3$　　　　(E)$a=-3,b=-5$

【解析】令除式 $x^2-x-2=(x-2)(x+1)=0$，得 $x_1=2$ 或 $x_2=-1$. 将余式设为 $R(x)=2x+1$.

由余式定理得，$f(x_1)=R(x_1)$，$f(x_2)=R(x_2)$，则有

$$\begin{cases} f(2)=8+8+2a+b=2\times2+1=5, \\ f(-1)=-1+2-a+b=2\times(-1)+1=-1, \end{cases}$$

解得 $a=-3$，$b=-5$.

【答案】(E)

● 本节习题自测 ●

1. 若 $x+y+z=a$，$xy+yz+zx=b$，则 $x^2+y^2+z^2$ 的值为(　　).

　(A)a^2-2b 　　　　　　　(B)b^2-2a 　　　　　　　(C)$a-2b^2$

　(D)a^2-b^2 　　　　　　　(E)以上选项均不正确

2. 已知 $(x+2y+2m)(2x-y+n)=2x^2+3xy-2y^2+5y-2$，则 m，n 分别为(　　).

　(A)$m=\dfrac{1}{2}$，$n=-2$ 　　　　(B)$m=-\dfrac{1}{2}$，$n=2$ 　　　　(C)$m=-\dfrac{1}{2}$，$n=-2$

　(D)$m=\dfrac{1}{2}$，$n=2$ 　　　　　(E)以上选项均不正确

3. 已知 $(m+n)^2=10$，$(m-n)^2=2$，则 $m^4+n^4=$(　　).

　(A)102 　　　　(B)104 　　　　(C)28 　　　　(D)22 　　　　(E)30

4. 若 $9x^2-12xy+m$ 是两数和的平方式，那么 m 的值是(　　).

　(A)$2y^2$ 　　　　(B)$4y^2$ 　　　　(C)$\pm4y^2$ 　　　　(D)$\pm16y^2$ 　　　　(E)0

5. 设实数 a，b，c 是三角形的三条边长，且满足条件 $a^2+b^2+c^2-ab-bc-ac=0$，则这个三角形是(　　).

　(A)等边三角形

　(B)等腰但非等边三角形

　(C)直角三角形

　(D)直角三角形或等边三角形

　(E)以上选项均不正确

6. 已知多项式 $3x^3+ax^2+bx+42$ 能被 x^2-5x+6 整除，那么 $a-b$ 的值是(　　).

　(A)-25 　　　　(B)-9 　　　　(C)9 　　　　(D)-31 　　　　(E)136

7. 若代数式 $(x-1)(x+3)(x-4)(x-8)+m$ 为完全平方式，则 m 的值为(　　).

　(A)96 　　　　(B)100 　　　　(C)196 　　　　(D)0 　　　　(E)64

8. 多项式 $(x+y-z)(x-y+z)-(y+z-x)(z-x-y)$ 的因式是(　　).

　(A)$(x+y-z)$ 　　　　　　　(B)$(x-y+z)$ 　　　　　　　(C)$(y+z-x)$

　(D)$(x+y+z)$ 　　　　　　　(E)以上选项均不正确

9. 多项式 $f(x)=x^3+a^2x^2+ax-1$ 被 $x+1$ 除余 -2，则实数 a 等于(　　).

　(A)1 　　　　(B)1 或 0 　　　　(C)-1 　　　　(D)-1 或 0 　　　　(E)1 或 -1

习题详解

1. （A）

【解析】由三个数和的平方公式，可得

$$x^2+y^2+z^2=(x+y+z)^2-2(xy+yz+zx)=a^2-2b.$$

2. （B）

【解析】双十字相乘法．

对 $2x^2+3xy-2y^2+5y-2$ 应用双十字相乘法，如图 2-6 所示：

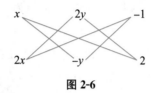

图 2-6

由题干易知 $2m=-1\Rightarrow m=-\dfrac{1}{2}$，$n=2$．

3. （C）

【解析】$(m+n)^2=10$，$(m-n)^2=2$，解得 $m^2+n^2=6$，$mn=2$，因此

$$m^4+n^4=(m^2+n^2)^2-2(mn)^2=36-8=28.$$

4. （B）

【解析】$9x^2-12xy+m=(3x)^2-2\cdot 3x\cdot 2y+m$，又因为 $9x^2-12xy+m$ 是两数和的平方式，由完全平方公式得，$m=4y^2$．

5. （A）

【解析】根据公式 $a^2+b^2+c^2-ab-ac-bc=\dfrac{1}{2}\left[(a-b)^2+(a-c)^2+(b-c)^2\right]=0$，可知 $a=b=c$．

故这个三角形是等边三角形．

6. （C）

【解析】方法一：余式定理．

$x^2-5x+6=(x-2)(x-3)$，由题可知，所给多项式 $f(x)$ 能被 $(x-2)(x-3)$ 整除，即 $f(x)=0$ 有根，分别为 $x=2$ 和 $x=3$，即

$$\begin{cases} f(2)=4a+2b+66=0, \\ f(3)=9a+3b+123=0, \end{cases}$$

解得 $a=-8$，$b=-17$，所以 $a-b=9$．

方法二：待定系数法．

由 $3x^3+ax^2+bx+42=(x^2-5x+6)(cx+d)$，可得 $c=3$，$6d=42$，即 $d=7$，故

$$3x^3+ax^2+bx+42=(x^2-5x+6)(3x+7)=3x^3-8x^2-17x+42,$$

即 $a=-8$，$b=-17$，所以 $a-b=9$．

7. (C)

【解析】分组分解法.

$$原式=[(x-1)(x-4)][(x+3)(x-8)]+m$$
$$=(x^2-5x+4)(x^2-5x-24)+m$$
$$=(x^2-5x)^2-20(x^2-5x)+m-96.$$

为构成完全平方式，应有 $m-96=\left(\dfrac{20}{2}\right)^2=100$，解得 $m=196$.

8. (A)

【解析】提公因式法.

$$(x+y-z)(x-y+z)-(y+z-x)(z-x-y)$$
$$=(x+y-z)(x-y+z)+(y+z-x)(x+y-z)$$
$$=(x+y-z)(x-y+z+y+z-x)$$
$$=(x+y-z)\cdot 2z,$$

结合选项，所求因式是 $(x+y-z)$.

9. (B)

【解析】设 $f(x)=(x+1)g(x)-2$，根据余式定理，得 $f(-1)=-2$，即 $-1+a^2-a-1=-2$，解得 $a=0$ 或 $a=1$.

第❷节 分式

1. 定义

设 A 和 B 是两个整式，并且 B 中含有字母，则形如 $\dfrac{A}{B}(B\neq 0)$ 的式子称为分式.

2. 分式的性质及运算

(1) $\dfrac{a}{b}=\dfrac{ak}{bk}(k\neq 0)$.

(2) $\dfrac{a}{b}\pm\dfrac{c}{d}=\dfrac{ad\pm bc}{bd}$.

(3) $\dfrac{a}{b}\cdot\dfrac{c}{d}=\dfrac{ac}{bd}$.

(4) $\dfrac{a}{b}\div\dfrac{c}{d}=\dfrac{ad}{bc}$.

(5) $\left(\dfrac{a}{b}\right)k=\dfrac{ak}{b}$.

【注意】上述所有公式均要求分母不为 0.

典型例题

例21 若 $a:b=\dfrac{1}{3}:\dfrac{1}{4}$，则 $\dfrac{12a+16b}{12a-8b}=($).

(A)2　　　　(B)3　　　　(C)4　　　　(D)-3　　　　(E)-2

【解析】设 $a=\dfrac{1}{3}k(k\neq0)$，$b=\dfrac{1}{4}k(k\neq0)$，则

$$\frac{12a+16b}{12a-8b}=\frac{12\times\frac{1}{3}k+16\times\frac{1}{4}k}{12\times\frac{1}{3}k-8\times\frac{1}{4}k}=4.$$

【快速得分法】赋值法.

令 $a=\dfrac{1}{3}$，$b=\dfrac{1}{4}$，代入，可得 $\dfrac{12a+16b}{12a-8b}=4$.

【答案】(C)

例22 已知 $abc\neq0$ 且 $a+b+c=0$，则 $a\left(\dfrac{1}{b}+\dfrac{1}{c}\right)+b\left(\dfrac{1}{a}+\dfrac{1}{c}\right)+c\left(\dfrac{1}{a}+\dfrac{1}{b}\right)=($).

(A)-3　　　　(B)-2　　　　(C)2　　　　(D)3　　　　(E)1

【解析】由题意，整理得

$$a\left(\frac{1}{b}+\frac{1}{c}\right)+b\left(\frac{1}{a}+\frac{1}{c}\right)+c\left(\frac{1}{a}+\frac{1}{b}\right)$$

$$=\left(\frac{a}{b}+\frac{a}{c}\right)+\left(\frac{b}{a}+\frac{b}{c}\right)+\left(\frac{c}{a}+\frac{c}{b}\right)$$

$$=\left(\frac{a}{b}+\frac{c}{b}\right)+\left(\frac{b}{c}+\frac{a}{c}\right)+\left(\frac{c}{a}+\frac{b}{a}\right)$$

$$=\frac{a+c}{b}+\frac{a+b}{c}+\frac{b+c}{a}$$

$$=\frac{-b}{b}+\frac{-c}{c}+\frac{-a}{a}$$

$$=-3.$$

【快速得分法】特殊值法.

令 $a=1$，$b=1$，$c=-2$，则有

$$原式=1\times\left(\frac{1}{1}+\frac{1}{-2}\right)+1\times\left(\frac{1}{1}+\frac{1}{-2}\right)+(-2)\times\left(\frac{1}{1}+\frac{1}{1}\right)=\frac{1}{2}+\frac{1}{2}-4=-3.$$

【答案】(A)

例23 已知 $x^2+y^2=9$，$xy=4$，则 $\dfrac{x+y}{x^3+y^3+x+y}=($).

(A)$\dfrac{1}{2}$　　　(B)$\dfrac{1}{5}$　　　(C)$\dfrac{1}{6}$　　　(D)$\dfrac{1}{13}$　　　(E)$\dfrac{1}{14}$

【解析】$\dfrac{x+y}{x^3+y^3+x+y}=\dfrac{x+y}{(x+y)(x^2+y^2-xy)+(x+y)}=\dfrac{1}{x^2+y^2-xy+1}=\dfrac{1}{6}.$

【答案】(C)

例 24 若 $a+x^2=2\,003$，$b+x^2=2\,005$，$c+x^2=2\,004$，且 $abc=24$，则 $\dfrac{a}{bc}+\dfrac{b}{ac}+\dfrac{c}{ab}-\dfrac{1}{a}-\dfrac{1}{b}-\dfrac{1}{c}=($ 　　$)$.

(A)$\dfrac{3}{8}$　　　　　(B)$\dfrac{1}{8}$　　　　　(C)$\dfrac{7}{12}$　　　　　(D)$\dfrac{5}{12}$　　　　　(E)1

【解析】已知：①$a+x^2=2\,003$；②$b+x^2=2\,005$；③$c+x^2=2\,004$. 由式②－式①，得 $b-a=2$；由式③－式②，得 $c-b=-1$.

方法一：由 $abc=24$，解得 $a=2$，$b=4$，$c=3$，代入得 $\dfrac{a}{bc}+\dfrac{b}{ac}+\dfrac{c}{ab}-\dfrac{1}{a}-\dfrac{1}{b}-\dfrac{1}{c}=\dfrac{1}{8}$.

方法二：联立 $b-a=2$，$c-b=-1$ 可得，$c-a=1$. 将原式通分可得

$$\dfrac{a}{bc}+\dfrac{b}{ac}+\dfrac{c}{ab}-\dfrac{1}{a}-\dfrac{1}{b}-\dfrac{1}{c}=\dfrac{a^2+b^2+c^2-ab-bc-ac}{abc}=\dfrac{\dfrac{1}{2}\left[(a-b)^2+(c-b)^2+(c-a)^2\right]}{abc}=\dfrac{1}{8}.$$

【答案】(B)

● 本节习题自测 ●

1. 已知 $\dfrac{a}{2}=\dfrac{b}{3}=\dfrac{c}{4}$，则 $\dfrac{2a^2-3bc+b^2}{a^2-2ac-c^2}=($ 　　$)$.

(A)$\dfrac{1}{2}$　　　　　(B)$\dfrac{2}{3}$　　　　　(C)$\dfrac{3}{5}$　　　　　(D)$\dfrac{19}{28}$　　　　　(E)$\dfrac{7}{22}$

2. $\dfrac{a^2-b^2}{19a^2+96b^2}=\dfrac{1}{134}$.

(1)a，b 均为实数，且 $|a^2-2|+(a^2-b^2-1)^2=0$.

(2)a，b 均为实数，且 $\dfrac{a^2b^2}{a^4-2b^4}=1$.

3. $\dfrac{x^4-33x^2-40x+244}{x^2-8x+15}=5$ 成立.

(1)$x=\sqrt{19-8\sqrt{3}}$.

(2)$x=\sqrt{19+8\sqrt{3}}$.

4. 若 x，y，z 为非零实数，那么 $z+\dfrac{1}{x}=1$.

(1)$x+\dfrac{1}{y}=1$.

(2)$y+\dfrac{1}{z}=1$.

习题详解

1. （D）

【解析】由 $\dfrac{a}{2}=\dfrac{b}{3}=\dfrac{c}{4}$ 可得 $\begin{cases} a=\dfrac{2}{3}b, \\ c=\dfrac{4}{3}b, \end{cases}$ 代入 $\dfrac{2a^2-3bc+b^2}{a^2-2ac-c^2}=\dfrac{19}{28}$.

【快速得分法】特殊值法.

令 $a=2$，$b=3$，$c=4$，代入题干，可得 $\dfrac{2a^2-3bc+b^2}{a^2-2ac-c^2}=\dfrac{19}{28}$.

2. （D）

【解析】条件（1）：由非负性可知，$a^2=2$，$a^2-b^2-1=0 \Rightarrow b^2=1$，$\dfrac{a^2-b^2}{19a^2+96b^2}=\dfrac{2-1}{19\times2+96\times1}=\dfrac{1}{134}$，

条件（1）充分.

条件（2）：已知 $\dfrac{a^2b^2}{a^4-2b^4}=1$，整理，可得 $a^2b^2=a^4-2b^4$，即 $a^2b^2+b^4=a^4-b^4 \Rightarrow b^2(a^2+b^2)=$

$(a^2+b^2)(a^2-b^2)$，因为 $a^2+b^2\neq0$，所以 $2b^2=a^2$.

令 $a^2=2$，$b^2=1$，则条件（2）的值与条件（1）相同，故条件（2）也充分.

3. （D）

【解析】方法一：迭代降次.

条件（1）：$x^2=19-8\sqrt{3}$，$x^2-19=-8\sqrt{3}$，两边平方得 $x^4-38x^2+169=0$，即 $x^4=38x^2-169$，

代入原式，得 $\dfrac{38x^2-169-33x^2-40x+244}{x^2-8x+15}=5$ 成立，所以条件（1）充分，同理，条件（2）也充分.

方法二：$\dfrac{x^4-33x^2-40x+244}{x^2-8x+15}=5$，即 $x^4-33x^2-40x+244=5(x^2-8x+15)$，可得 x^4-38x^2+

$169=0$.

条件（1）：$x^2=19-8\sqrt{3}$，$x^2-19=-8\sqrt{3}$，两边平方得 $x^4-38x^2+169=0$，所以条件（1）充

分，同理，条件（2）也充分.

4. （C）

【解析】两个条件单独显然不充分，联立之.

由条件（1），得 $x=1-\dfrac{1}{y}=\dfrac{y-1}{y}$；

由条件（2），得 $\dfrac{1}{z}=1-y$，$z=\dfrac{1}{1-y}$.

故 $z+\dfrac{1}{x}=\dfrac{1}{1-y}+\dfrac{y}{y-1}=1$，故两个条件联立起来充分.

第3章 函数、方程和不等式

1. 函数
(1)集合
(2)一元二次函数及其图像
(3)指数函数、对数函数
2. 代数方程
(1)一元一次方程
(2)一元二次方程
(3)二元一次方程组
3. 不等式
(1)不等式的性质
(2)均值不等式
(3)不等式求解
一元一次不等式(组)，一元二次不等式，简单绝对值不等式，简单分式不等式

听本章课程

本章知识架构

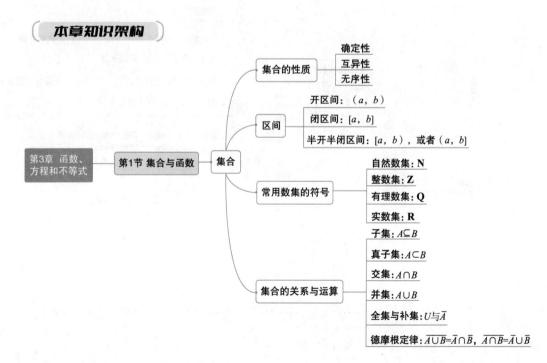

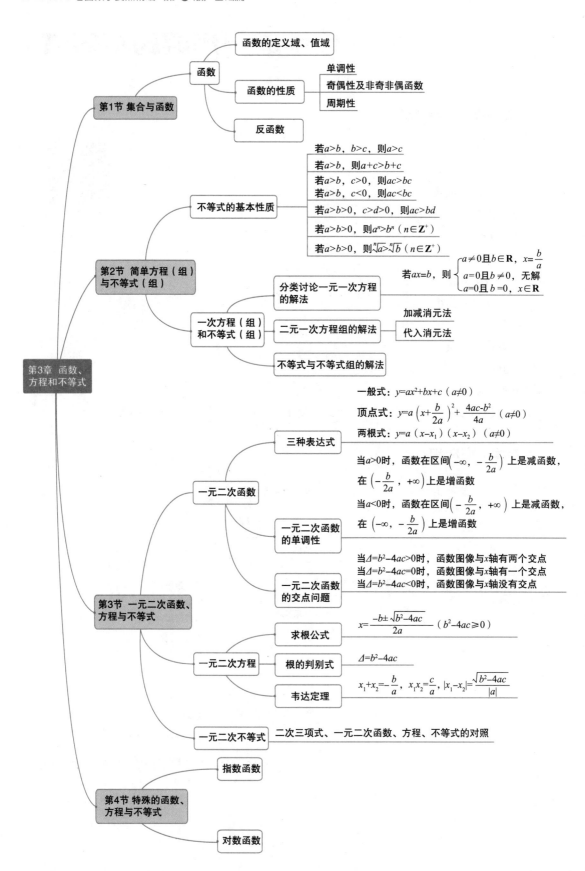

第**1**节 集合与函数

1. 集合

1.1 定义

集合是具有某种特定性质的事物的总体，简称"集".

如全部自然数就组成一个自然数的集合，一个单位的全体人员就组成一个该单位全体人员的集合.

若 x 是集合 A 中的元素，可记作 $x \in A$，读作"x 属于 A"；若 x 不是集合 A 中的元素，可记作 $x \notin A$，读作"x 不属于 A".

1.2 集合的性质

(1)确定性

集合中的元素必须是确定的.

(2)互异性

集合中的元素互不相同. 例如：集合 $A = \{1, a\}$，则 a 不能等于 1.

(3)无序性

集合中的元素没有先后之分. 如集合 $\{3, 4, 5\}$ 和 $\{3, 5, 4\}$ 是同一个集合.

1.3 区间

满足 $a < x < b$ 的 x 的集合叫作开区间，记作 (a, b).

满足 $a \leqslant x \leqslant b$ 的 x 的集合叫作闭区间，记作 $[a, b]$.

满足 $a \leqslant x < b$ 或者 $a < x \leqslant b$ 的 x 的集合叫作半开半闭区间，记作 $[a, b)$ 或者 $(a, b]$.

满足 $x < a$ 或者 $x \leqslant a$ 的 x 的集合，记作 $(-\infty, a)$ 或者 $(-\infty, a]$.

满足 $a < x$ 或者 $a \leqslant x$ 的 x 的集合，记作 $(a, +\infty)$ 或者 $[a, +\infty)$.

1.4 常用数集的符号

(1)自然数集记作 **N**，不包括 0 的自然数集记作 $\mathbf{N}^+$.

(2)整数集记作 **Z**，正整数集记作 $\mathbf{Z}^+$.

(3)有理数集记作 **Q**.

(4)实数集记作 **R**.

(5)空集记作 $\varnothing$.

1.5 集合的关系与运算

(1)子集

两个集合 A 和 B，如果集合 A 的任何一个元素都是集合 B 的元素，那么集合 A 叫作集合 B 的子集，记作 $A \subseteq B$，读作"A 包含于 B".

(2)真子集

如果 $A \subseteq B$，且 $A \neq B$，则集合 A 是集合 B 的真子集，记作 $A \subset B$；或者，如果 $A \subseteq B$，且

存在元素 $x \in B$，但 $x \notin A$，则称集合 A 是集合 B 的真子集．

空集是任何非空集合的真子集．

（3）交集

以属于 A 且属于 B 的元素组成的集合称为 A 与 B 的交（集），记作 $A \cap B$（或 $B \cap A$），读作"A 交 B"（或"B 交 A"），即 $A \cap B = \{x \mid x \in A$ 且 $x \in B\}$．

（4）并集

以属于 A 或属于 B 的元素组成的集合称为 A 与 B 的并（集），记作 $A \cup B$（或 $B \cup A$），读作"A 并 B"（或"B 并 A"），即 $A \cup B = \{x \mid x \in A$ 或 $x \in B\}$．

（5）全集与补集

全集是一个相对的概念，包含所研究问题中所涉及的所有元素．

若给定全集 U，有 $A \subseteq U$，则全集 U 中所有不属于 A 的元素的集合，叫作 A 的补集，记为 $\overline{A}$．

（6）德摩根定律

$$\overline{A \cup B} = \overline{A} \cap \overline{B}, \quad \overline{A \cap B} = \overline{A} \cup \overline{B}.$$

典型例题

例1 设全集为 $\{1, 2, 3, 4, 5, 6\}$，集合 A 为 $\{2, 3, 5\}$，集合 B 为 $\{3, 4\}$，则 $\overline{A \cup B} = ($ ）．

(A)$\{2, 6\}$　　　　(B)$\{1, 6\}$　　　　(C)$\{1, 4, 5\}$

(D)$\{1, 3, 4, 5\}$　　(E)$\{2, 4, 5\}$

【解析】 $A \cup B = \{2, 3, 4, 5\}$，故 $\overline{A \cup B} = \{1, 6\}$．

【答案】 (B)

例2 已知集合 $A = \{1, 2^a\}$，$B = \{a, b\}$，若 $A \cap B = \left\{\dfrac{1}{2}\right\}$，则 $A \cup B = ($ ）．

(A)$\left\{\dfrac{1}{2}, -1, 1\right\}$　　(B)$\left\{\dfrac{1}{2}, -1\right\}$　　(C)$\left\{\dfrac{1}{2}, 1\right\}$

(D)$\left\{\dfrac{1}{2}, 1, b\right\}$　　(E)$\{1, -1\}$

【解析】 由 $A \cap B = \left\{\dfrac{1}{2}\right\}$，可知 $2^a = \dfrac{1}{2} = 2^{-1}$，故 $a = -1$．

所以集合 $B = \left\{-1, \dfrac{1}{2}\right\}$，又由集合 $A = \left\{1, \dfrac{1}{2}\right\}$，可得 $A \cup B = \left\{\dfrac{1}{2}, -1, 1\right\}$．

【答案】 (A)

例3 $1 < x \leqslant 3$．

(1)$x^2 - 3x + 2 < 0$．　　　　(2)$x^2 - 2x - 3 < 0$．

【解析】 条件(1)：解不等式 $x^2 - 3x + 2 < 0$，得 $1 < x < 2$，可以推出 $1 < x \leqslant 3$，充分．

条件(2)：解不等式 $x^2 - 2x - 3 < 0$，得 $-1 < x < 3$，不充分．

【答案】 (A)

1.6 并集的计算

(1)两个集合的并集：$A \cup B = A + B - A \cap B$，如图 3-1 所示.

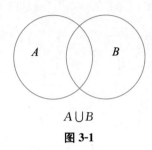

$A \cup B$

图 3-1

典型例题

例 4 某单位有 90 人，其中 65 人参加外语培训，72 人参加计算机培训，已知参加外语培训而未参加计算机培训的有 8 人，则参加计算机培训而未参加外语培训的人数是( ).

(A)5 (B)8 (C)10 (D)12 (E)15

【解析】如图 3-2 所示.

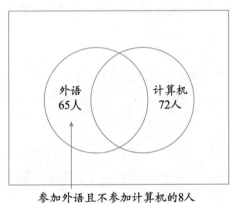

参加外语且不参加计算机的8人

图 3-2

参加外语培训且参加计算机培训的有 $65 - 8 = 57$.

故参加计算机培训而未参加外语培训的人数为 $72 - 57 = 15$（人）.

【答案】(E)

例 5 电视台向 100 个人调查昨天收看电视的情况，有 62 人看过中央一套，34 人看过湖南卫视，11 人两个频道都看过. 则两个频道都没有看过的有( )人.

(A)4 (B)15 (C)17 (D)28 (E)24

【解析】设看过中央一套的为集合 A，看过湖南卫视的为集合 B，则有
$$A \cup B = A + B - A \cap B = 62 + 34 - 11 = 85（人）,$$
故两个频道都没有看过的有 $100 - 85 = 15$（人）.

【答案】(B)

(2)三个集合的并集(如图 3-3 所示)

三集合标准型公式：$A \cup B \cup C = A + B + C - A \cap B - A \cap C - B \cap C + A \cap B \cap C$；

三集合非标准型公式：$A \cup B \cup C = A + B + C -$ 只满足两个条件的 $- 2 \times$ 满足三个条件的.

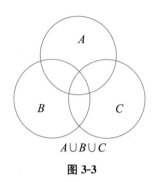

图 3-3

典型例题

例 6 某年级举行数理化三科竞赛，已知参加数学竞赛的有 203 人，参加物理竞赛的有 179 人，参加化学竞赛的有 165 人；参加数学物理两科的有 143 人，参加数学化学两科的有 116 人，参加物理化学两科的有 97 人；三科都参加的有 89 人，则参加竞赛的总人数为(　　).

(A)280　　　　(B)250　　　　(C)300　　　　(D)350　　　　(E)400

【解析】三饼图问题，直接套用公式得
$$A \cup B \cup C = A + B + C - A \cap B - A \cap C - B \cap C + A \cap B \cap C$$
$$= 203 + 179 + 165 - 143 - 116 - 97 + 89 = 280.$$

【答案】(A)

例 7 某班同学参加智力竞赛，共有 A、B、C 三题，每题得 0 分或得满分. 竞赛结果为无人得 0 分，三题全部答对的有 1 人，答对两题的有 15 人；答对 A 题的人数和答对 B 题的人数之和为 29 人，答对 A 题的人数和答对 C 题的人数之和为 25 人，答对 B 题的人数和答对 C 题的人数之和为 20 人，那么该班的人数为(　　).

(A)20　　　　(B)25　　　　(C)30　　　　(D)35　　　　(E)40

【解析】如图 3-4 所示.

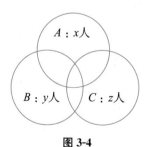

图 3-4

设答对 A、B、C 三道题的人数分别为 x、y、z，根据题意，得
$$x + y = 29, \ x + z = 25, \ y + z = 20,$$

得 $x+y+z=37$. 根据三集合非标准型公式,只答对 2 题的有 15 人,答对 3 题的有 1 人,故总人数为 $A \cup B \cup C = A+B+C-15-2 \times 1 = 37-17 = 20$.

【答案】(A)

2. 函数

2.1 定义

给定一个数集 A,假设其中的元素为 x. 现对 A 中的元素 x 施加对应法则 f,记作 $f(x)$,得到另一数集 B. 假设 B 中的元素为 y,则 y 与 x 之间的等量关系可以用 $y=f(x)$ 表示. 我们把这个关系式叫函数关系式,简称函数.

【例】① $y=f(x)=2x^2+x-1$. ② $y=f(x)=3x+1$.

其中,我们将 x 称为自变量,将 y 称为函数值. 对于任意的 x,都有唯一的函数值 $y=f(x)$.

2.2 定义域与值域

使得函数有意义的自变量 x 的取值范围,称为函数 $y=f(x)$ 的定义域.

在函数的定义域下,求得的所有 y 值的集合,称为函数的值域.

【例】$y=f(x)=3x+1$ 的定义域为全体实数,值域为全体实数.

$y=f(x)=\sqrt{x-1}$ 的定义域为 $[1,+\infty)$,值域为 $[0,+\infty)$.

典型例题

例8 $f(x)=\sqrt{x-x^2}$ 的定义域是( ).

(A)$(-\infty,1]$ (B)$(-\infty,0) \cup (1,+\infty)$ (C)$(0,1)$

(D)$(-\infty,0] \cup [1,+\infty)$ (E)$[0,1]$

【解析】使得根式有意义,则 $x-x^2=x(1-x) \geqslant 0$,解不等式得 $0 \leqslant x \leqslant 1$,故定义域为 $[0,1]$.

【答案】(E)

例9 函数 $y=2x+4\sqrt{1-x}$ 的值域为( ).

(A)$(0,4)$ (B)$(-\infty,4]$ (C)$(-4,4]$

(D)$(-\infty,-4]$ (E)$[4,+\infty)$

【解析】令 $t=\sqrt{1-x} \geqslant 0$,则 $x=1-t^2$,代入原函数得
$$y=2(1-t^2)+4t=-2(t-1)^2+4.$$

当 $t=1$ 时,y 取到最大值 4. 当 $t>1$ 时,函数单调递减,故函数的值域为 $(-\infty,4]$.

【答案】(B)

2.3 函数的性质

(1)单调性

函数值随着自变量的增大而增大(或减小)的性质叫作函数的单调性. 单调递增和单调递减的函数统称为单调函数. 如图 3-5 和图 3-6 所示.

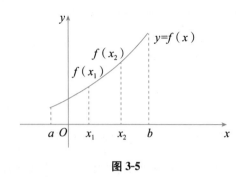 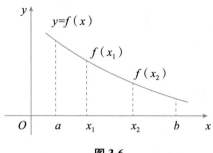

图 3-5   图 3-6

对于任意的 x_1，$x_2 \in (a, b)$，当 $x_1 < x_2$ 时，都有 $f(x_1) < f(x_2)$ 成立．这时把函数 $f(x)$ 叫作区间 (a, b) 内的增函数，区间 (a, b) 叫作函数 $f(x)$ 的递增区间．

对于任意的 x_1，$x_2 \in (a, b)$，当 $x_1 < x_2$ 时，都有 $f(x_1) > f(x_2)$ 成立．这时把函数 $f(x)$ 叫作区间 (a, b) 内的减函数，区间 (a, b) 叫作函数 $f(x)$ 的递减区间．

【例】① $y = f(x) = 3x + 1$ 是单调递增函数．② $y = f(x) = -x + 1$ 是单调递减函数．

(2)奇偶性

如图 3-7 和图 3-8 所示．

若函数 $f(x)$ 在其定义域内的任意一个 x，都满足 $f(-x) = f(x)$，则称 $f(x)$ 是**偶函数**．偶函数的图像关于 y 轴对称．如图 3-7 所示．

若函数 $f(x)$ 在其定义域内的任意一个 x，都满足 $f(-x) = -f(x)$，则称 $f(x)$ 是**奇函数**．奇函数的图像关于原点对称．如图 3-8 所示．

如果一个函数是奇函数或偶函数，那么，就说这个函数具有**奇偶性**．不具有奇偶性的函数叫作**非奇非偶函数**．

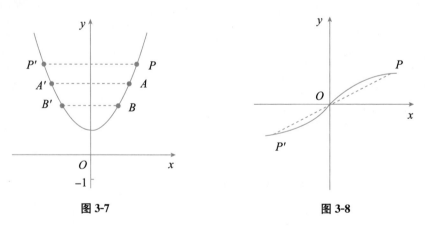

图 3-7   图 3-8

【例】① $y = f(x) = x^2 + 1$ 是偶函数．② $y = f(x) = x^3$ 是奇函数．

典型例题

例 10   若 $f(x) = \dfrac{1}{2^x - 1} + a$ 是奇函数，则 $a = ($ $)$．

(A)-1 (B)$-\dfrac{1}{2}$ (C)0 (D)$\dfrac{1}{2}$ (E)1

【解析】根据奇函数的定义，有 $f(-x)=-f(x)$，故有

$$\frac{1}{2^{-x}-1}+a=-\left(\frac{1}{2^x-1}+a\right),$$

移项，得 $2a=-\left(\frac{1}{2^x-1}+\frac{1}{2^{-x}-1}\right)=-\left[\frac{1}{2^x-1}+\frac{1}{\frac{1}{2^x}-1}\right]=-\left(\frac{1}{2^x-1}+\frac{2^x}{1-2^x}\right)=1$，解得 $a=\frac{1}{2}$.

【答案】(D)

(3)周期性

设函数 $f(x)$ 的定义域为 D. 如果存在一个正数 T，使得对于任意一个 x，都有 $x\pm T\in D$，且 $f(x\pm T)=f(x)$ 恒成立，则称 $f(x)$ 为周期函数，T 称为 $f(x)$ 的周期，通常我们说周期函数的周期是指最小正周期.

【注意】周期函数的定义域 D 为至少有一边是无界的区间，若 D 为有界的，则该函数不具有周期性.

【例】$y=\sin x$ 是周期函数，最小正周期为 2π. 如图 3-9 所示：

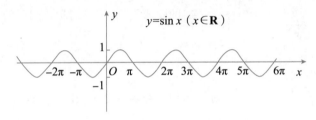

图 3-9

典型例题

例 11　函数 $f(x)$ 既是定义域为 **R** 的偶函数，又是以 2 为周期的周期函数，若 $f(x)$ 在 $[-1,0]$ 上是减函数，那么 $f(x)$ 在 $[2,3]$ 上是(　　).

(A)增函数　　　　　　　　(B)减函数　　　　　　　　(C)先增后减函数

(D)先减后增函数　　　　　(E)无法判断

【解析】因为 $f(x)$ 是定义域为 **R** 的偶函数，所以它的图像关于 y 轴对称；

由 $f(x)$ 在 $[-1,0]$ 上是减函数，结合对称性可知，$f(x)$ 在 $[0,1]$ 上是增函数.

$f(x)$ 以 2 为周期，故 $f(x)$ 在 $[2,3]$ 上的图像与它在 $[0,1]$ 上的图像相同，可得 $f(x)$ 在 $[2,3]$ 上是增函数.

【答案】(A)

2.4　反函数

一般地，设函数 $y=f(x)$ 的定义域为 D，值域为 C，若存在一个函数 $g(y)$，对任意的 $y\in C$ 都有 $g(y)=x$，则称函数 $x=g(y)(y\in C)$ 为函数 $y=f(x)(x\in D)$ 的反函数，记作 $y=f^{-1}(x)$.

原函数与其反函数的图像关于直线 $y=x$ 对称.

【例】$y=2x$ 的反函数为 $x=\frac{1}{2}y$，一般记为 $y=\frac{1}{2}x$.

$y=2^x$ 的反函数为 $x=\log_2 y$，一般记为 $y=\log_2 x$，其中 $x>0$.

典型例题

例12 若点$(2，1)$既在$f(x)=\sqrt{mx+n}$的图像上，又在它的反函数的图像上，则$m，n$的值为（ ）.

(A)$m=1，n=2$ (B)$m=2，n=1$ (C)$m=-3，n=7$

(D)$m=7，n=-3$ (E)$m=0，n=1$

【解析】已知点$(2，1)$在$f(x)=\sqrt{mx+n}$的图像上，故有$f(2)=\sqrt{2m+n}=1$.

由点$(2，1)$又在它的反函数的图像上，可知点$(1，2)$在原函数的图像上，故有$f(1)=2$.

联立得

$$\begin{cases} \sqrt{m+n}=2，\\ \sqrt{2m+n}=1 \end{cases} \Rightarrow \begin{cases} m=-3，\\ n=7. \end{cases}$$

【答案】(C)

例13 函数$y=\dfrac{1-ax}{1+ax}\left(x\neq-\dfrac{1}{a}，x\in\mathbf{R}\right)$的图像关于$y=x$对称，则$a$的值为（ ）.

(A)$a=-1$ (B)$a=0$ (C)$a=-2$

(D)$a=1$ (E)$a=2$

【解析】函数$y=\dfrac{1-ax}{1+ax}$，当$x=0$时，$y=1$，即函数过$(0，1)$点. 因为图像关于$y=x$对称，故函数也过$(1，0)$点. 所以$\dfrac{1-a}{1+a}=0$，$a=1$.

【答案】(D)

● 本节习题自测 ●

1. 若$\left\{1，a，\dfrac{b}{a}\right\}=\{0，a^2，a+b\}$，则$a^{2013}+b^{2013}$的值为（ ）.

(A)0 (B)1 (C)-1

(D)1或-1 (E)0或1

2. 集合$A=\{x\mid y=\sqrt{3-2x-x^2}\}$，集合$B=\{y\mid y=x^2-2x+3，x\in[0，3]\}$，则$A\cap B$为（ ）.

(A)$\varnothing$ (B)$\{2\}$ (C)$[0，2]$

(D)$(-\infty，0]$ (E)$[0，+\infty)$

3. 申请驾照时必须参加理论考试和路考且两种考试均通过，若在同一批学员中有70%的人通过了理论考试，80%的人通过了路考，则最后领到驾驶执照的人有60%.

(1)有10%的人两种考试都没通过.

(2)有20%的人仅通过了路考.

4. 某班有36名同学参加数学、物理、化学课外研究小组，每名同学至多参加两个小组. 已知参加数学、物理、化学小组的人数分别为 26、15、13，同时参加数学和物理小组的同学有 6 名，同时参加物理和化学小组的同学有 4 名，则同时参加数学和化学小组的同学有(   )名.
(A)6　　　　(B)7　　　　(C)8　　　　(D)9　　　　(E)10

习题详解

1. (C)

【解析】由 $\dfrac{b}{a}$ 中 a 为分母，可知 $a\neq 0$. 由集合的确定性可知，第 1 个集合必有元素 0，故 $b=0$；又由互异性可知，$a\neq 1$.

此时两个集合可写成 $\{0,1,a\}=\{0,a^2,a\}$，即 $a^2=1$，解得 $a=1$(舍)或 -1.

所以 $a^{2013}+b^{2013}=-1$.

2. (A)

【解析】集合 A 是函数 $y=\sqrt{3-2x-x^2}$ 的定义域，已知 $3-2x-x^2\geq 0$，解得 $-3\leq x\leq 1$，即 $A=\{x\mid -3\leq x\leq 1\}$.

集合 B 是函数 $y=x^2-2x+3$，$x\in[0,3]$ 的值域，由一元二次函数可知，当 $x=-\dfrac{b}{2a}=1$ 时，y 取得最小值，为 2；在区间端点 $x=3$ 处取得最大值，为 6. 由此可得 $2\leq y\leq 6$，即 $B=\{y\mid 2\leq y\leq 6\}$. 故 $A\cap B$ 为空集.

3. (D)

【解析】用赋值法，设一共有 100 人参加考试，则有 70 人通过了理论考试，80 人通过了路考.

条件(1)：有 10 人两种考试都没通过，设领到驾照的为 x 人，画文氏图如图 3-10 所示.

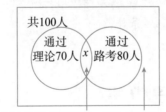

共100人

通过理论70人　x　通过路考80人

理论和路考都通过　理论与路考均没通过

图 3-10

则有 $70+80-x+10=100$，得 $x=60$，占比为 60%，条件(1)充分.

条件(2)：有 20 人仅通过路考没通过理论，已知通过路考的有 80 人，显然通过路考也通过理论的有 $80-20=60$(人)，即领到驾照的有 60 人，占比为 60%，条件(2)也充分.

4. (C)

【解析】由条件知，每名同学至多参加两个小组，故不可能出现一名同学同时参加数学、物理、化学课外研究小组. 设同时参加数学和化学小组的同学有 x 名，根据三集合标准型公式，有
$$26+15+13-(6+4+x)=36,$$
解得 $x=8$. 故同时参加数学和化学小组的同学有 8 名.

第**2**节 简单方程（组）与不等式（组）

1. 不等式的基本性质

(1)若 $a>b$，$b>c$，则 $a>c$.

(2)若 $a>b$，则 $a+c>b+c$.

(3)若 $a>b$，$c>0$，则 $ac>bc$；若 $a>b$，$c<0$，则 $ac<bc$.

(4)若 $a>b>0$，$c>d>0$，则 $ac>bd$.

(5)若 $a>b>0$，则 $a^n>b^n(n\in\mathbf{Z}^+)$.

(6)若 $a>b>0$，则 $\sqrt[n]{a}>\sqrt[n]{b}(n\in\mathbf{Z}^+)$.

典型例题

例 14　$x>y$.

(1)若 x 和 y 都是正整数，且 $x^2<y$.

(2)若 x 和 y 都是正整数，且 $\sqrt{x}<y$.

【解析】举反例，令 $x=1$，$y=2$，显然条件(1)和条件(2)都不充分，联立起来也不充分.

【答案】(E)

例 15　$a<-1<1<-a$.

(1)a 为实数，且 $a+1<0$.

(2)a 为实数，且 $|a|<1$.

【解析】条件(1)：$a+1<0$，即 $a<-1$，左右两边同乘以 -1，得 $-a>1$，条件(1)充分.

条件(2)：$|a|<1$，得 $-1<a<1$，条件(2)不充分.

【答案】(A)

2. 一次方程（组）和一次不等式（组）

2.1　一元一次方程

$$若\ ax=b，则\begin{cases}当\ a\neq0\ 且\ b\in\mathbf{R}\ 时，x=\dfrac{b}{a}，\\[2mm]当\ a=0\ 且\ b\neq0\ 时，无解，\\[2mm]当\ a=0\ 且\ b=0\ 时，x\in\mathbf{R}.\end{cases}$$

典型例题

例 16　某学生在解方程 $\dfrac{ax+1}{3}-\dfrac{x+1}{2}=1$ 时，误将式中的 $x+1$ 看成 $x-1$，得出的解为 $x=1$，那么 a 的值和原方程的解应是(　　).

(A)$a=1$，$x=7$　　　　　　(B)$a=2$，$x=5$　　　　　　(C)$a=2$，$x=7$

(D)$a=5$，$x=2$　　　　　　(E)$a=5$，$x=\dfrac{1}{7}$

【解析】将 $x=1$ 代入方程 $\dfrac{ax+1}{3}-\dfrac{x-1}{2}=1$ 中，解得 $a=2$.

将 $a=2$ 代入 $\dfrac{ax+1}{3}-\dfrac{x+1}{2}=1$ 中，得 $\dfrac{2x+1}{3}-\dfrac{x+1}{2}=1$，解得 $x=7$.

【答案】(C)

2.2　二元一次方程组

形如 $\begin{cases}a_1x+b_1y=c_1,\\a_2x+b_2y=c_2\end{cases}$ 的方程组为二元一次方程组，解法如下：

方法一：加减消元法.

$$\begin{cases}a_1x+b_1y=c_1, & ①\\a_2x+b_2y=c_2. & ②\end{cases}$$

由式①$\times b_2$－式②$\times b_1$ 得

$$(a_1b_2-a_2b_1)x=b_2c_1-b_1c_2.$$

解出 x，再将 x 的值代入式①或式②中，求出 y 的值，从而得到方程组的解.

方法二：代入消元法.

由式①可得

$$y=\dfrac{c_1-a_1x}{b_1}(b_1\neq0).$$

将其代入式②，消去 y，得到关于 x 的一元一次方程，解之可得 x.

再将 x 的值代入式①或式②中，求出 y 的值，从而得到方程组的解.

典型例题

例17　若关于 x，y 的二元一次方程组 $\begin{cases}x+y=5k,\\x-y=9k\end{cases}$ 的解也是二元一次方程 $2x+3y=6$ 的解，则 k 的值为(　　).

(A)$-\dfrac{3}{4}$　　　(B)$\dfrac{3}{4}$　　　(C)$\dfrac{4}{3}$　　　(D)$-\dfrac{4}{3}$　　　(E)1

【解析】解方程组得 $x=7k$，$y=-2k$，代入 $2x+3y=6$，得 $14k-6k=6$，解得 $k=\dfrac{3}{4}$.

【答案】(B)

例18　能确定 $2m-n=4$.

(1)$\begin{cases}x=2,\\y=1\end{cases}$ 是二元一次方程组 $\begin{cases}mx+ny=8,\\nx-my=1\end{cases}$ 的解.

(2)m，n 满足 $\begin{cases}2m+n=16,\\m+2n=17.\end{cases}$

【解析】条件(1)：将 $x=2$，$y=1$ 代入方程组，得

$$\begin{cases} 2m+n=8, \\ 2n-m=1, \end{cases} \Rightarrow \begin{cases} m=3, \\ n=2, \end{cases}$$

则 $2m-n=4$，条件(1)充分．

条件(2)：求解方程组，可得 $\begin{cases} m=5, \\ n=6. \end{cases}$ 故 $2m-n=4$，条件(2)也充分．

【答案】(D)

2.3 不等式

(1)使不等式成立的未知数的值叫作不等式的解．一般地，一个含有未知数的不等式的所有解，组成这个不等式的解的集合，简称这个不等式的解集．

(2)不等式解集的表示方法

①用不等式表示，如 $x \leqslant -1$ 或 $x < -1$ 等．

②用数轴表示，如图 3-11 所示(注意实心圈与空心圈的区别)．

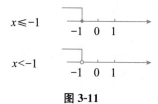

图 3-11

(3)解一元一次不等式的步骤：去分母，去括号，移项，合并同类项，系数化为1(注意是否需要变号)．

典型例题

例 19 解关于 x 的不等式 $\left(\dfrac{1}{2} - a \right) x > 1 - 2a$．

【解析】将不等式变形，得 $(1-2a)x > 2(1-2a)$．

①当 $1-2a > 0$，即 $a < \dfrac{1}{2}$ 时，$x > 2$；

②当 $1-2a = 0$，即 $a = \dfrac{1}{2}$ 时，不等式无解；

③当 $1-2a < 0$，即 $a > \dfrac{1}{2}$ 时，$x < 2$．

【答案】当 $a < \dfrac{1}{2}$ 时，$x > 2$；当 $a = \dfrac{1}{2}$ 时，无解；当 $a > \dfrac{1}{2}$ 时，$x < 2$

2.4 不等式组

分别求出组成不等式组的每个不等式的解集后，再求这些解集的交集．

由两个一元一次不等式组成的不等式组的解集通常有如下四种类型(其中 $a < b$)．

不等式组	数轴表示	解集	口诀
$\begin{cases} x > a, \\ x > b \end{cases}$		$x > b$	大大取较大

不等式组	数轴表示	解集	口诀
$\begin{cases} x<a, \\ x<b \end{cases}$		$x<a$	小小取较小
$\begin{cases} x>a, \\ x<b \end{cases}$		$a<x<b$	大小、小大 中间找
$\begin{cases} x<a, \\ x>b \end{cases}$		无解	大大、小小 解不了

典型例题

例 20 解不等式组 $\begin{cases} \dfrac{x}{2}-2(x+3) \leqslant 11, & ① \\[2mm] \dfrac{3x}{2}+2(x+3) \leqslant 3. & ② \end{cases}$

【解析】由不等式①，得 $\dfrac{3}{2}x \geqslant -17$，即 $x \geqslant -\dfrac{34}{3}$.

由不等式②，得 $\dfrac{7}{2}x \leqslant -3$，即 $x \leqslant -\dfrac{6}{7}$.

取交集，得该不等式组的解集为 $-\dfrac{34}{3} \leqslant x \leqslant -\dfrac{6}{7}$.

【答案】解集为 $\left\{ x \mid -\dfrac{34}{3} \leqslant x \leqslant -\dfrac{6}{7} \right\}$

例 21 若关于 x 的不等式组 $\begin{cases} 5-2x \geqslant -1, \\ x-a>0 \end{cases}$ 无解，则 a 的取值范围是(　　).

(A)$a>3$　　　　　　　　(B)$a \geqslant 3$　　　　　　　　(C)$a \geqslant -3$

(D)$a \leqslant -3$　　　　　　(E)$a \leqslant 3$

【解析】由 $\begin{cases} 5-2x \geqslant -1, \\ x-a>0, \end{cases}$ 得 $\begin{cases} x \leqslant 3, \\ x>a. \end{cases}$ 又因为不等式组无解，所以 a 的取值范围是 $a \geqslant 3$.

【答案】(B)

❧ 本节习题自测 ❧

1. 设 a，b 为非负实数，则 $a+b \leqslant \dfrac{5}{4}$.

(1)$ab \leqslant \dfrac{1}{16}$.

(2)$a^2+b^2 \leqslant 1$.

2. 不等式 $(a+2)^2 > (b+2)^2$.

(1) $a > b$.   (2) $a > -3$ 且 $b > -1$.

3. 若 $\dfrac{1}{a} < \dfrac{1}{b} < 0$，有下面四个不等式：① $|a| > |b|$；② $a < b$；③ $a+b < ab$；④ $a^3 < b^3$. 则不正确的不等式有（   ）个.

(A) 0   (B) 1   (C) 2   (D) 3   (E) 4

4. 关于 x 的方程 $\dfrac{2x+a}{x-1} = 1$ 的解是正数，则 a 的取值范围是（   ）.

(A) $a > -1$ (B) $a > -1$ 且 $a \neq 0$ (C) $a < -1$

(D) $a < -1$ 且 $a \neq -2$ (E) $a > 1$

5. 关于 x 的不等式 $(2a-b)x < -3a+4b$ 的解集为 $x > \dfrac{4}{9}$，则不等式 $(a-4b)x + 2a - 3b > 0$ 的解集为（   ）.

(A) $\left(-\dfrac{1}{4},\ +\infty \right)$ (B) $\left(\dfrac{1}{4},\ +\infty \right)$ (C) $\left(-\infty,\ \dfrac{1}{4} \right)$

(D) $\left(-\infty,\ -\dfrac{1}{4} \right)$ (E) $\left(-\dfrac{1}{4},\ 0 \right)$

6. 不等式组 $\begin{cases} \dfrac{3}{2}x + 1 > x - \dfrac{1}{2}, \\ 3 - x \geq 2 \end{cases}$ 的解集在数轴上表示正确的是（   ）.

(A)   (B)

(C)   (D)

(E) 以上选项均不正确

●习题详解

1. (C)

【解析】条件(1)：举反例，令 $a=2$，$b=0$，显然 $a+b > \dfrac{5}{4}$，不充分.

条件(2)：举反例，令 $a = \dfrac{\sqrt{2}}{2}$，$b = \dfrac{\sqrt{2}}{2}$，显然 $a+b = \sqrt{2} > \dfrac{5}{4}$，不充分.

联立两个条件，得 $a^2 + b^2 = (a+b)^2 - 2ab \leq 1$，所以，$(a+b)^2 \leq 1 + 2ab \leq 1 + 2 \times \dfrac{1}{16} = \dfrac{9}{8}$.

因为 a，b 为非负实数，可知 $0 \leq a+b \leq \sqrt{\dfrac{9}{8}} < \dfrac{5}{4}$，故联立两个条件充分.

2. (C)

【解析】由特殊值法易知条件(1)和条件(2)单独都不充分.

联立两个条件，得 $a > b > -1$，所以 $a+2 > b+2 > 1 > 0$，由不等式的性质，可得 $(a+2)^2 > (b+2)^2$.

故条件(1)和条件(2)联立起来充分.

3.（D）

【解析】特殊值法．令 $a=-1$，$b=-2$，易知①错，②错，③对，④错．故不正确的有 3 个．

4.（D）

【解析】由题可知，当 $a=-2$ 时，原式变为 $2=1$，等式不成立；

当 $a\neq-2$ 时，解得 $x=-1-a>0$，即 $a<-1$，等式成立．

综上，a 的取值范围是 $a<-1$ 且 $a\neq-2$．

5.（A）

【解析】由不等式 $(2a-b)x<-3a+4b$ 的解集为 $x>\dfrac{4}{9}$，可知

$$\begin{cases} 2a-b<0, \\ \dfrac{-3a+4b}{2a-b}=\dfrac{4}{9}, \end{cases}$$

解得 $\dfrac{7}{8}a=b$，故 $2a-b=2a-\dfrac{7}{8}a=\dfrac{9}{8}a<0$，所以 $a<0$．

把 $b=\dfrac{7}{8}a$ 代入 $(a-4b)x+2a-3b>0$ 中，可得 $-\dfrac{5a}{2}x>\dfrac{5a}{8}$．又因为 $a<0$，故 $x>-\dfrac{1}{4}$．

所以不等式 $(a-4b)x+2a-3b>0$ 的解集为 $\left(-\dfrac{1}{4},\ +\infty\right)$．

6.（A）

【解析】解 $\dfrac{3}{2}x+1>x-\dfrac{1}{2}$，得 $x>-3$．

解 $3-x\geqslant2$，得 $x\leqslant1$．

将 $x>-3$ 和 $x\leqslant1$ 在数轴上表示，如图 3-12 所示：

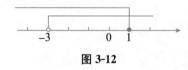

图 3-12

在数轴上找出各不等式的解集的公共部分，这个公共部分就是不等式组的解集，答案选（A）．

第 **3** 节 一元二次函数、方程与不等式

1. 一元二次函数

1.1 定义

一元二次函数是指只有一个未知数，且未知数的最高次数为二次的多项式函数．一元二次函数可以表示为

一般式：$y=ax^2+bx+c(a\neq0)$；

顶点式：$y=a\left(x+\dfrac{b}{2a}\right)^2+\dfrac{4ac-b^2}{4a}(a\neq0)$；

两根式：$y = a(x - x_1)(x - x_2)(a \neq 0)$.

1.2 一元二次函数的图像和性质

（1）图像

一元二次函数的图像是一条抛物线，图像的顶点坐标为 $\left(-\dfrac{b}{2a}, \dfrac{4ac - b^2}{4a} \right)$，其对称轴是直线

$x = -\dfrac{b}{2a}$.

（2）最值

①当 $a > 0$ 时，函数图像开口向上，y 有最小值，$y_{\min} = \dfrac{4ac - b^2}{4a}$，无最大值.

②当 $a < 0$ 时，函数图像开口向下，y 有最大值，$y_{\max} = \dfrac{4ac - b^2}{4a}$，无最小值.

（3）单调性

①当 $a > 0$ 时，函数在区间 $\left(-\infty, -\dfrac{b}{2a} \right)$ 上是减函数，在 $\left(-\dfrac{b}{2a}, +\infty \right)$ 上是增函数.

②当 $a < 0$ 时，函数在区间 $\left(-\infty, -\dfrac{b}{2a} \right)$ 上是增函数，在 $\left(-\dfrac{b}{2a}, +\infty \right)$ 上是减函数.

1.3 一元二次函数的图像与 x 轴的交点

当 $\Delta = b^2 - 4ac > 0$ 时，函数图像与 x 轴有两个交点.

当 $\Delta = b^2 - 4ac = 0$ 时，函数图像与 x 轴有一个交点.

当 $\Delta = b^2 - 4ac < 0$ 时，函数图像与 x 轴没有交点.

典型例题

例 22 一元二次函数 $y = ax^2 + bx + c$ 的图像如图 3-13 所示，则 a，b，c 满足（ ）.

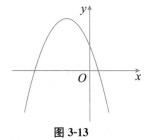

(A)$a < 0$，$b < 0$，$c > 0$ (B)$a < 0$，$b < 0$，$c < 0$

(C)$a < 0$，$b > 0$，$c > 0$ (D)$a > 0$，$b < 0$，$c > 0$

(E)$a > 0$，$b > 0$，$c > 0$

图 3-13

【解析】图像开口向下，故 $a < 0$；图像与 y 轴的交点在正半轴，故 $c > 0$.

对称轴在 y 轴左侧，故 $-\dfrac{b}{2a} < 0$，又因为 $a < 0$，故 $b < 0$.

【答案】(A)

例 23 函数 $y = ax^2 + bx + c(a \neq 0)$ 在 $[0, +\infty)$ 上单调递增的充分条件是（ ）.

(A)$a < 0$ 且 $b \geq 0$ (B)$a < 0$ 且 $b \leq 0$ (C)$a > 0$ 且 $b \geq 0$

(D)$a > 0$ 且 $b \leq 0$ (E)以上选项均不正确

【解析】根据函数单调性，结合题意知 $a > 0$，并且对称轴 $x = -\dfrac{b}{2a} \leq 0$，故得出 $b \geq 0$，选(C).

【答案】(C)

例 24 一元二次函数 $x(1-x)$ 的最大值为（　　）.

(A)0.05　　　　(B)0.10　　　　(C)0.15　　　　(D)0.20　　　　(E)0.25

【解析】 此题很简单，但是建议大家把四种方法都掌握，这是巩固基础知识的好题目.

方法一：图像法.

$$y=x(1-x)=-x^2+x.$$

其图像开口向下，顶点纵坐标即为最大值，根据顶点坐标公式，有

$$y_{\max}=\frac{4ac-b^2}{4a}=\frac{-1}{-4}=\frac{1}{4}=0.25.$$

方法二：配方法.

$$y=x(1-x)=-x^2+x=-\left(x-\frac{1}{2}\right)^2+\frac{1}{4}.$$

当 $x=\frac{1}{2}$ 时，$y_{\max}=\frac{1}{4}=0.25.$

方法三：两根式.

可知 $x(1-x)=0$，有两个根 0 和 1，最值必取在两个根的中点 $x=0.5$ 处，代入得 $y_{\max}=0.25.$

方法四：均值不等式.

若 $x(1-x)$ 取得最大值，则必有 $x>0$，$1-x>0$，由 $\sqrt{ab}\leqslant\frac{a+b}{2}\Rightarrow ab\leqslant\left(\frac{a+b}{2}\right)^2$，得

$$x(1-x)\leqslant\left(\frac{x+1-x}{2}\right)^2=0.25.$$

【答案】 (E)

2. 一元二次方程

2.1　一元二次方程的概念
形如 $ax^2+bx+c=0(a，b，c$ 均为常数，且 $a\neq0)$ 的方程叫作一元二次方程.

2.2　求根公式

$$x=\frac{-b\pm\sqrt{b^2-4ac}}{2a}(b^2-4ac\geqslant0\text{ 且 }a\neq0).$$

2.3　根的判别式
当 $\Delta=b^2-4ac>0$ 时，方程有两个不相等的实根.

当 $\Delta=b^2-4ac=0$ 时，方程有两个相等的实根.

当 $\Delta=b^2-4ac<0$ 时，方程没有实根.

典型例题

例 25 已知关于 x 的一元二次方程 $k^2x^2-(2k+1)x+1=0$ 有两个相异实根，则 k 的取值范围为（　　）.

$(A) k > \dfrac{1}{4}$　　　　　$(B) k \geqslant \dfrac{1}{4}$　　　　　$(C) k > -\dfrac{1}{4}$ 且 $k \neq 0$

$(D) k \geqslant -\dfrac{1}{4}$ 且 $k \neq 0$　　　　　(E)以上选项均不正确

【解析】由题意知
$$\begin{cases} k \neq 0, \\ \Delta = (2k+1)^2 - 4k^2 > 0, \end{cases}$$

解得 $k > -\dfrac{1}{4}$ 且 $k \neq 0$.

【答案】(C)

2.4 韦达定理

若 x_1, x_2 为方程 $ax^2 + bx + c = 0 (a \neq 0$ 且 $\Delta = b^2 - 4ac \geqslant 0)$ 的两个实根，则

$$x_1 + x_2 = -\frac{b}{a}, \ x_1 x_2 = \frac{c}{a}, \ |x_1 - x_2| = \frac{\sqrt{b^2 - 4ac}}{|a|}.$$

典型例题

例 26　若 x_1, x_2 是方程 $x^2 - 4x + 1 = 0$ 的两个根，求下列各式的值.

(1) $|x_1 - x_2|$；

(2) $x_1^2 + x_2^2$；

(3) $\dfrac{x_1}{x_2} + \dfrac{x_2}{x_1}$；

(4) $x_1^3 + x_2^3$.

【解析】由韦达定理得 $x_1 + x_2 = 4$，$x_1 x_2 = 1$.

(1) $|x_1 - x_2| = \sqrt{(x_1 - x_2)^2} = \sqrt{(x_1 + x_2)^2 - 4x_1 x_2} = \sqrt{16 - 4} = 2\sqrt{3}$；

(2) $x_1^2 + x_2^2 = (x_1 + x_2)^2 - 2x_1 x_2 = 16 - 2 = 14$；

(3) $\dfrac{x_1}{x_2} + \dfrac{x_2}{x_1} = \dfrac{x_1^2 + x_2^2}{x_1 x_2} = 14$；

(4) $x_1^3 + x_2^3 = (x_1 + x_2)(x_1^2 + x_2^2 - x_1 x_2) = 4(14 - 1) = 52$.

【答案】(1) $2\sqrt{3}$；(2)14；(3)14；(4)52

例 27　一元二次方程 $x^2 + bx + c = 0$ 的两个根之差的绝对值为 4.

(1) $b = 4$，$c = 0$.

(2) $b^2 - 4c = 16$.

【解析】条件(1)：将 $b = 4$，$c = 0$ 代入方程，可得 $x^2 + 4x = 0$，解得 $x_1 = 0$，$x_2 = -4$，所以条件(1)充分.

条件(2)：由韦达定理可知，$(x_1 - x_2)^2 = (x_1 + x_2)^2 - 4x_1 x_2 = b^2 - 4c = 16$，所以 $|x_1 - x_2| = 4$，故条件(2)也充分.

【快速得分法】依据 $|x_1 - x_2| = \dfrac{\sqrt{b^2 - 4ac}}{|a|}$，可迅速得解.

【答案】(D)

例 28 已知方程 $3x^2+px+5=0$ 的两个根 x_1，x_2，满足 $\dfrac{1}{x_1}+\dfrac{1}{x_2}=2$，则 $p=($ $)$.

(A)10　　　　　　　　(B)-6　　　　　　　　(C)6

(D)-10　　　　　　(E)10 或 -10

【解析】根据韦达定理，可知 $x_1+x_2=-\dfrac{p}{3}$，$x_1x_2=\dfrac{5}{3}$，则

$$\frac{1}{x_1}+\frac{1}{x_2}=\frac{x_1+x_2}{x_1x_2}=-\frac{p}{5}=2\Rightarrow p=-10.$$

【答案】(D)

3. 一元二次不等式

3.1 定义

含有一个未知数且未知数的最高次数为二次的不等式叫作一元二次不等式．它的一般形式为

$$ax^2+bx+c>0 \text{ 或 } ax^2+bx+c<0(a\neq 0).$$

3.2 二次三项式、一元二次函数、方程、不等式的对照表

	$\Delta>0$	$\Delta=0$	$\Delta<0$
二次三项式 ax^2+bx+c	可因式分解为 $a(x-x_1)(x-x_2)$	可因式分解为 $a\left(x+\dfrac{b}{2a}\right)^2$	不能因式分解
一元二次函数 $y=ax^2+bx+c$ $(a>0)$ 的图像			
一元二次方程 $ax^2+bx+c=0$，其中 $a\neq 0$	有两个相异实根 $x=\dfrac{-b\pm\sqrt{\Delta}}{2a}$	有两个相等实根 $x_1=x_2=-\dfrac{b}{2a}$	没有实根
一元二次不等式 $ax^2+bx+c>0$，其中 $a>0$	$x<x_1$ 或者 $x>x_2$ （设 $x_1<x_2$）	$x\neq-\dfrac{b}{2a}$	实数集 $(-\infty,+\infty)$
一元二次不等式 $ax^2+bx+c<0$，其中 $a>0$	$x_1<x<x_2$ （设 $x_1<x_2$）	无解	无解

典型例题

例 29 满足不等式 $(x+4)(x+6)+3>0$ 的所有实数 x 的集合是（   ）.

(A)$[4，+\infty)$　　　　　　(B)$(4，+\infty)$　　　　　　(C)$(-\infty，-2]$

(D)$(-\infty，-1)$　　　　　(E)$(-\infty，+\infty)$

【解析】由 $(x+4)(x+6)+3=x^2+10x+27=(x+5)^2+2$ 恒大于 0，故 x 的取值范围是所有实数.

【快速得分法】令 $x=0$，代入可得 $4\times6+3=27>0$，说明 0 一定在不等式的解集内，因此只有(E)选项满足.

【答案】(E)

例 30 一元二次不等式 $3x^2-4ax+a^2<0(a<0)$ 的解集是（   ）.

(A)$\dfrac{a}{3}<x<a$　　　　　　　(B)$x>a$ 或 $x<\dfrac{a}{3}$　　　　　　(C)$a<x<\dfrac{a}{3}$

(D)$x>\dfrac{a}{3}$ 或 $x<a$　　　　(E)$a<x<3a$

【解析】由 $3x^2-4ax+a^2<0$，得 $(3x-a)(x-a)<0$，又因为 $a<0$，故解集为 $a<x<\dfrac{a}{3}$.

【答案】(C)

例 31 已知不等式 $ax^2+2x+2>0$ 的解集是 $\left(-\dfrac{1}{3}，\dfrac{1}{2}\right)$，则 $a=$（   ）.

(A)-12　　　　　　　　(B)6　　　　　　　　(C)0

(D)12　　　　　　　　(E)以上选项均不正确

【解析】由 3.2 的对照表可知，$x_1=-\dfrac{1}{3}$，$x_2=\dfrac{1}{2}$ 可视为方程 $ax^2+2x+2=0$ 的根.

故 $f\left(\dfrac{1}{2}\right)=\dfrac{1}{4}a+3=0$，解得 $a=-12$.

【答案】(A)

● 本节习题自测 ●

1.$4x^2-4x<3$.

　(1)$x\in\left(-\dfrac{1}{4}，\dfrac{1}{2}\right)$.　　　　　　(2)$x\in(-1，0)$.

2. 已知一元二次不等式 $ax^2+bx+10<0$ 的解集为 $x<-2$ 或 $x>5$，则 b^a 的值为（   ）.

　(A)3　　　　(B)-3　　　　(C)-1　　　　(D)$\dfrac{1}{3}$　　　　(E)$-\dfrac{1}{3}$

3. 已知不等式 $ax^2+bx+a>0$ 的解集是 $\left(-2，-\dfrac{1}{2}\right)$，则 $a，b$ 应满足（   ）.

(A)$a>0$，$b>0$，$2a=5b$ (B)$a<0$，$b<0$，$2a=5b$

(C)$a>0$，$b>0$，$5a=2b$ (D)$a<0$，$b<0$，$5a=2b$

(E)以上选项均不正确

4. 设方程 $3x^2-8x+a=0$ 的两个根为 x_1 和 x_2，若 $\dfrac{1}{x_1}$ 和 $\dfrac{1}{x_2}$ 的算术平均值为 2，则 a 的值是(　　).

(A)-2 (B)-1 (C)1 (D)$\dfrac{1}{2}$ (E)2

5. 已知方程 $ax^2+bx+c=0$ 的两个根是 -2 和 3，且函数 $y=ax^2+bx+c$ 的最小值是 $-\dfrac{25}{4}$，则 a，b，c 分别为(　　).

(A)-1，1，6 (B)-2，2，3 (C)1，-1，-6

(D)2，-2，-3 (E)以上选项均不正确

6. 若方程 $2x^2-(a+1)x+a+3=0$ 两根之差为 1，则 a 的值是(　　).

(A)9 或 -3 (B)9 或 3   (C)-9 或 3

(D)-9 或 -3 (E)9 或 -2

7. 已知关于 x 的方程 $x^2+2mx-n^2+2=0$ 无实根，m，$n\in\mathbf{R}$，则 m^2+n^2 的取值范围是(　　).

(A)$(0,2)$ (B)$[0,2]$ (C)$(-1,0)$ (D)$[0,2)$ (E)$(0,4)$

习题详解

1. (A)

【解析】$4x^2-4x<3$，即 $4x^2-4x-3<0$，解得 $-\dfrac{1}{2}<x<\dfrac{3}{2}$. 显然条件(1)中的 x 在这个解集内，所以条件(1)充分，同理，条件(2)不充分.

2. (D)

【解析】根据 3.2 的对照表可将一元二次不等式问题转化为一元二次方程的问题，其两根为 -2 和 5，由韦达定理，得

$$\begin{cases} -\dfrac{b}{a}=-2+5, \\ \dfrac{10}{a}=-2\times5 \end{cases} \Rightarrow \begin{cases} a=-1, \\ b=3. \end{cases}$$

所以 $b^a=3^{-1}=\dfrac{1}{3}$.

3. (D)

【解析】原不等式解集为 $\left(-2,-\dfrac{1}{2}\right)$，若转换成一元二次函数，可知图像开口向下，应有 $a<0$，排除(A)、(C).

方程 $ax^2+bx+a=0$ 的两个根是 -2 和 $-\dfrac{1}{2}$，由韦达定理，得 $-\dfrac{b}{a}=-2-\dfrac{1}{2}=-\dfrac{5}{2}$，即 $\dfrac{a}{b}=\dfrac{2}{5}$.

综上所述，$a<0$，$5a=2b$，$b<0$.

4.（E）

【解析】根据韦达定理，有 $\dfrac{1}{x_1}+\dfrac{1}{x_2}=\dfrac{x_1+x_2}{x_1 x_2}=\dfrac{\frac{8}{3}}{\frac{a}{3}}=4$，解得 $a=2$.

5.（C）

【解析】方法一：由韦达定理及二次函数最小值的条件，可列出方程组

$$\begin{cases} -2+3=-\dfrac{b}{a}, \\[2mm] (-2)\times 3=\dfrac{c}{a}, \\[2mm] \dfrac{4ac-b^2}{4a}=-\dfrac{25}{4}, \end{cases}$$

解得 $a=1$，$b=-1$，$c=-6$.

方法二：利用两根式可将方程列为 $a(x+2)(x-3)=0$，展开可得 $ax^2-ax-6a=0$，由函数 $y=ax^2-ax-6a$ 的最小值为 $\dfrac{4a\times(-6a)-(-a)^2}{4a}=-\dfrac{25}{4}$，解得 $a=1$.

故 $y=ax^2+bx+c$ 的解析式为 $y=x^2-x-6$，根据对应项相等，可得 $a=1$，$b=-1$，$c=-6$.

6.（A）

【解析】由韦达定理可得，$|x_1-x_2|=\dfrac{\sqrt{\Delta}}{2}=\dfrac{\sqrt{(a+1)^2-4\times 2(a+3)}}{2}=1$.

所以 $(a+1)^2-8(a+3)=4 \Rightarrow a^2-6a-27=0$，解得 $a=9$ 或者 $a=-3$.

7.（D）

【解析】方程无实根，说明一元二次方程的根的判别式 $\Delta<0$，即

$$\Delta=(2m)^2-4(2-n^2)<0$$

$$\Rightarrow 4m^2-8+4n^2<0$$

$$\Rightarrow 4(m^2+n^2)<8$$

$$\Rightarrow m^2+n^2<2.$$

又因为 $m^2+n^2\geqslant 0$ 恒成立，且当 $m^2+n^2=0$，即 $m=0$，$n=0$ 时，方程无实根.

所以 m^2+n^2 的取值范围为 $[0,2)$.

第❹节 特殊的函数、方程与不等式

I. 指数函数

1.1 指数函数的定义

形如 $y=a^x(a>0$ 且 $a\neq 1)(x\in \mathbf{R})$ 的函数叫作指数函数.

1.2 指数函数的图像和性质

	$a>1$	$0<a<1$
图像		
性质	①定义域：全体实数 **R**	①定义域：全体实数 **R**
	②值域：$(0，+\infty)$	②值域：$(0，+\infty)$
	③过定点：过点$(0，1)$，即 $x=0$ 时，$y=1$	③过定点：过点$(0，1)$，即 $x=0$ 时，$y=1$
	④单调性：增函数	④单调性：减函数

1.3 指数的运算法则

如果 $a>0$ 且 $a\neq1$，那么

$(1)a^{m+n}=a^m \cdot a^n$；

$(2)a^{m-n}=\dfrac{a^m}{a^n}$；

$(3)a^{mn}=(a^m)^n$；

$(4)a^{\frac{1}{n}}=\sqrt[n]{a}$．

典型例题

例 32 解方程 $4^{x-\frac{1}{2}}+2^x=1$，则(　　)．

(A)方程有两个正实根　　　　　　　　　　(B)方程只有一个正实根

(C)方程只有一个负实根　　　　　　　　　　(D)方程有一正一负两个实根

(E)方程有两个负实根

【解析】采用以下三步解题：

①化同底：$4^{x-\frac{1}{2}}+2^x=1 \Rightarrow 4^x \times 4^{-\frac{1}{2}}+2^x=1 \Rightarrow \dfrac{1}{2} \times (2^x)^2+2^x=1$；

②换元：令 $t=2^x(t>0)$，则有 $\dfrac{1}{2}t^2+t=1 \Rightarrow t^2+2t-2=0$；

③解方程得 $t=\sqrt{3}-1$ 或 $t=-\sqrt{3}-1$(舍)．

故 $2^x=\sqrt{3}-1$，$x=\log_2(\sqrt{3}-1)$，因为 $\sqrt{3}-1<1$，所以 $x<0$，即方程只有一个负实根．

【答案】(C)

例 33 不等式 $\left(\dfrac{1}{3}\right)^{x^2-8}>3^{-2x}$ 的解集为(　　)．

(A)$0<x<2$ 　　　　　　　　(B)$-2<x<4$ 　　　　　　　　(C)$-2<x<3$

(D) $-2 < x < 0$ (E) $-1 < x < 3$

【解析】化同底，得 $3^{8-x^2} > 3^{-2x}$. 因为底数 $3 > 1$，所以函数 $y = 3^x$ 是增函数，原方程等价于 $8 - x^2 > -2x$，化简，得 $x^2 - 2x - 8 < 0$，解得 $-2 < x < 4$.

【答案】(B)

2. 对数函数

2.1 对数函数的定义

形如 $y = \log_a x (a > 0$ 且 $a \neq 1)$ 的函数叫作对数函数，其中 x 是自变量，函数的定义域是 $(0, +\infty)$.

2.2 对数函数的图像和性质

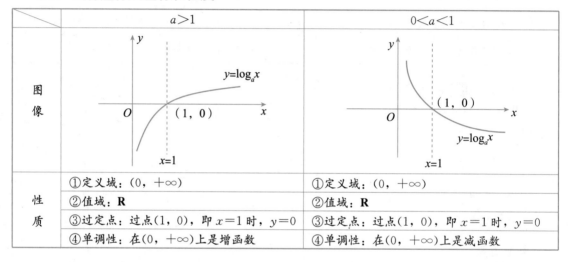

	$a > 1$	$0 < a < 1$
图像	（图：$y = \log_a x$ 增函数，过 $(1, 0)$，$x = 1$）	（图：$y = \log_a x$ 减函数，过 $(1, 0)$，$x = 1$）
性质	①定义域：$(0, +\infty)$	①定义域：$(0, +\infty)$
	②值域：$\mathbf{R}$	②值域：$\mathbf{R}$
	③过定点：过点 $(1, 0)$，即 $x = 1$ 时，$y = 0$	③过定点：过点 $(1, 0)$，即 $x = 1$ 时，$y = 0$
	④单调性：在 $(0, +\infty)$ 上是增函数	④单调性：在 $(0, +\infty)$ 上是减函数

2.3 对数的运算法则

如果 $a > 0$ 且 $a \neq 1$，$M > 0$，$N > 0$，那么

(1) $\log_a MN = \log_a M + \log_a N$；

(2) $\log_a \dfrac{M}{N} = \log_a M - \log_a N$；

(3) $\log_a M^n = n\log_a M$；

(4) $\log_{a^k} M^n = \dfrac{n}{k}\log_a M$；

(5) 换底公式：$\log_a M = \dfrac{\lg M}{\lg a} = \dfrac{\ln M}{\ln a}$；$\log_a M = \dfrac{1}{\log_M a}$.

【易错点】对数公式其实并不是恒成立的，成立的前提是等号左右两边都满足对数的定义域，所以，在使用对数公式时，应该先考虑定义域问题.

典型例题

例 34 方程 $2\log_2 x - 3\log_x 2 - 5 = 0$ 的根为（   ）.

(A)2   (B)8   (C)8 或 $\dfrac{\sqrt{2}}{2}$ (D)2 或 8   (E)$\dfrac{\sqrt{2}}{2}$

【解析】先换底：原式可化为 $2\log_2 x-\dfrac{3}{\log_2 x}-5=0$. 再换元：令 $\log_2 x=t\,(t\ne 0)$，原式化为

$2t-\dfrac{3}{t}-5=0$，解得 $t_1=3$ 或 $t_2=-\dfrac{1}{2}$，即

$$\log_2 x=3 \text{ 或 } \log_2 x=-\dfrac{1}{2}\,(x>0,\ x\ne 1),$$

解得 $x=8$ 或 $\dfrac{\sqrt{2}}{2}$，经验证，两个根都有意义.

【答案】(C)

例 35   若 $a>1$，解不等式 $\log_a(4+3x-x^2)-\log_a(2x-1)>\log_a 2$ 得 x 的取值范围是(   ).

(A)$0<x<2$ (B)$\dfrac{1}{2}<x<2$ (C)$-2<x<3$

(D)$-2<x<0$ (E)$\dfrac{1}{2}<x<3$

【解析】若使对数式有意义，有 $4+3x-x^2>0$，$2x-1>0$，原不等式可化为 $\log_a(4+3x-x^2)>\log_a 2(2x-1)$.

当 $a>1$ 时，$y=\log_a x$ 是增函数，所以原不等式可化为不等式组，即

$$\begin{cases} 4+3x-x^2>0,\\ 2x-1>0,\\ 4+3x-x^2>2(2x-1) \end{cases} \Rightarrow \begin{cases} -1<x<4,\\ x>\dfrac{1}{2},\\ -3<x<2, \end{cases}$$

解得 $\dfrac{1}{2}<x<2$.

【答案】(B)

❤ 本节习题自测 ❤

1. 已知 $2^x+2^{-x}=4$，则 $8^x+8^{-x}=($).

  (A)64   (B)52   (C)56   (D)60   (E)54

2. 已知 x,y 满足 $\begin{cases} 2^{x+3}+9^{y+1}=35,\\ 8^{\frac{x}{3}}+3^{2y+1}=5, \end{cases}$ 则 xy 的值是(   ).

  (A)$-\dfrac{3}{4}$ (B)$\dfrac{3}{4}$ (C)1   (D)$-\dfrac{4}{3}$ (E)-1

3. 若使函数 $f(x)=\dfrac{\lg(2x^2+5x-12)}{\sqrt{x^2-3}}$ 有意义，则 x 的取值范围包括(   )个正整数.

  (A)0   (B)1   (C)2   (D)3   (E)无数个

4. 关于 x 的方程 $\lg(x^2+11x+8)-\lg(x+1)=1$ 的解为（　　）.

    (A)1 或 -2　　　(B)2　　　(C)3　　　(D)3 或 2　　　(E)1

5. 不等式 $\log_{x-3}(x-1) \geqslant 2$ 的解集为（　　）.

    (A)$x>4$　　　(B)$4<x\leqslant5$　　　(C)$2\leqslant x\leqslant5$　　　(D)$0<x<4$　　　(E)$0<x\leqslant5$

习题详解

1.（B）

【解析】已知 $8^x+8^{-x}=(2^x)^3+(2^{-x})^3$，换元，令 $t=2^x$，则 $t+\dfrac{1}{t}=4$，由立方和公式，可知

$$t^3+\left(\frac{1}{t}\right)^3=\left(t+\frac{1}{t}\right)\left[t^2+\left(\frac{1}{t}\right)^2-1\right]=\left(t+\frac{1}{t}\right)\left[\left(t+\frac{1}{t}\right)^2-3\right]=4\times(4^2-3)=52.$$

2.（E）

【解析】先换底，原方程组可化为 $\begin{cases}8\times2^x+9\times9^y=35,\\2^x+3\times9^y=5\end{cases} \Rightarrow \begin{cases}2^x=4,\\9^y=\dfrac{1}{3}\end{cases} \Rightarrow \begin{cases}x=2,\\y=-\dfrac{1}{2}.\end{cases}$ 故 $xy=-1$.

3.（E）

【解析】根据定义域可知

$$\begin{cases}2x^2+5x-12>0,\\x^2-3>0,\end{cases}$$

解得 $x>\sqrt{3}$ 或 $x<-4$，故 x 取值范围内的正整数有无数个.

4.（E）

【解析】整理可得，$\lg(x^2+11x+8)=\lg(x+1)+\lg10=\lg10(x+1)$.

那么 $x^2+11x+8-10(x+1)=0$，即 $x^2+x-2=0$，故 $x=1$ 或 $x=-2$.

当 $x=1$ 时，$x^2+11x+8>0$、$x+1>0$，符合对数函数的定义域；

当 $x=-2$ 时，$x^2+11x+8<0$、$x+1<0$，不符合对数函数的定义域，舍去.

故方程的解为 1.

5.（B）

【解析】根据对数函数的定义域及单调性分情况讨论，原不等式等价于

$$\begin{cases}x-1>0,\\x-3>1,\\x-1\geqslant(x-3)^2\end{cases} \quad \text{或} \quad \begin{cases}x-1>0,\\0<x-3<1,\\x-1\leqslant(x-3)^2,\end{cases}$$

两种情况求并集，解得 $4<x\leqslant5$.

第4章 数列

数列、等差数列、等比数列

听本章课程

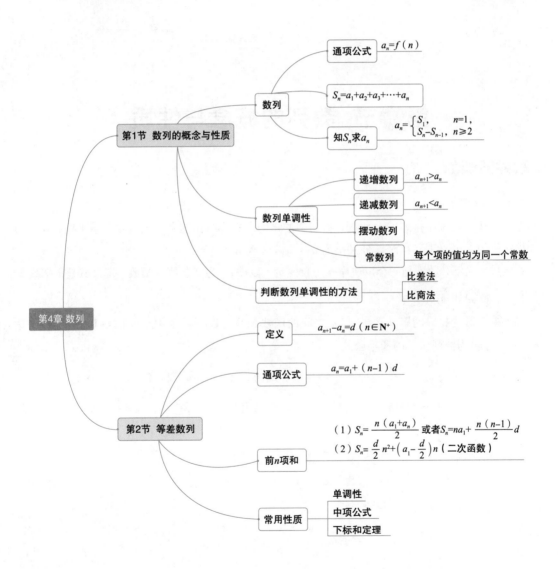

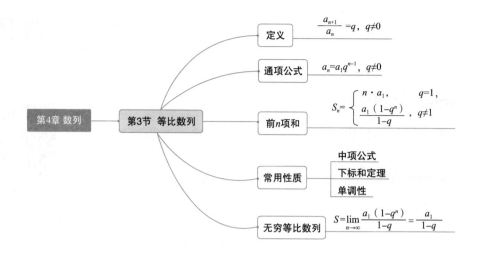

第❶节 数列的概念与性质

1. 数列的概念

1.1 数列

数列是按一定次序排列的一列数．数列中的每一个数都叫作这个数列的项．第 1 项、第 2 项、第 3 项、……、第 n 项、……，分别记为 a_1，a_2，$\cdots$，a_n，$\cdots$.

在函数意义下，数列是一个以次序 n 为自变量，以项 a_n 为函数值的函数．定义域是正整数集．

1.2 数列的通项公式

如果一个数列 $\{a_n\}$ 的第 n 项 a_n 与 n 之间的函数关系可以用一个关于 n 的解析式 $f(n)$ 表达，则称 $a_n = f(n)$ 为数列 $\{a_n\}$ 的通项公式．

【例】数列 1，$\dfrac{1}{2}$，$\dfrac{1}{4}$，$\dfrac{1}{8}$，$\cdots$ 的一个通项公式为 $a_n = \dfrac{1}{2^{n-1}}(n = 1,\ 2,\ 3,\ 4,\ \cdots)$.

【注意】数列并不一定都有通项公式．一个数列的通项公式也不一定只有一个．

1.3 数列的前 n 项和

数列 $\{a_n\}$ 的前 n 项的和记作 S_n，对于数列 $\{a_n\}$ 显然有

$$S_n = a_1 + a_2 + a_3 + \cdots + a_n.$$

已知 S_n，求 $\{a_n\}$ 的通项公式，显然有

$$a_n = \begin{cases} a_1 = S_1, & n = 1, \\ S_n - S_{n-1}, & n > 1. \end{cases}$$

典型例题

例1 若数列 $\{a_n\}$ 的前 n 项和 $S_n = 4n^2 + n - 2$，则它的通项公式是(　　).

(A) $a_n = 8n - 3$　　　　　　　　　　　　　　(B) $a_n = 8n - 5$

$(C)a_n=\begin{cases}3, & n=1, \\ 8n-3, & n\geqslant 2\end{cases}$　　　　　　　　$(D)a_n=\begin{cases}33, & n=1, \\ 8n+5, & n\geqslant 2\end{cases}$

(E)以上选项均不正确

【解析】已知前 n 项和求通项公式，可分以下几步：

①当 $n=1$ 时，$a_1=S_1=3$；

②当 $n\geqslant 2$ 时，$a_n=S_n-S_{n-1}=4n^2+n-2-4(n-1)^2-(n-1)+2=8n-3$；

③将 $a_1=3$ 代入 $a_n=8n-3$，不成立，故需要写成分段数列，即

$$a_n=\begin{cases}3, & n=1, \\ 8n-3, & n\geqslant 2.\end{cases}$$

【快速得分法】可以令 $n=1$，2，3，分别求出 a_1，a_2，a_3，代入选项验证，可迅速得答案.

【答案】(C)

例 2 数列 $\{a_n\}$ 的前 n 项和 $S_n=n^2+3n+2$，则 $a_{n+1}+a_{n+2}+a_{n+3}=(\quad)$.

(A)$6n+18$　　　(B)$3n+6$　　　(C)$6n$　　　(D)18　　　(E)$6n-18$

【解析】

$$a_{n+1}+a_{n+2}+a_{n+3}$$
$$=S_{n+3}-S_n$$
$$=(n+3)^2+3(n+3)+2-n^2-3n-2$$
$$=n^2+6n+9+3n+9+2-n^2-3n-2$$
$$=6n+18.$$

【答案】(A)

2. 数列单调性

2.1　数列按单调性分类

递增数列：若数列 $\{a_n\}$ 中，$a_{n+1}>a_n$，即从第二项开始每一项都比前一项大，则称此数列为单调递增数列.

递减数列：若数列 $\{a_n\}$ 中，$a_{n+1}<a_n$，即从第二项开始每一项都比前一项小，则称此数列为单调递减数列.

摆动数列：若一个数列，从第二项开始，有些项大于它的前一项，有些项小于它的前一项，则此数列为摆动数列.

常数列：若一个数列，每个项的值均为同一个常数，则此数列为常数列.

2.2　数列单调性的判定

判断一个数列单调性的常用方法：比差法、比商法.

比差法：若数列 $\{a_n\}$ 中，$a_{n+1}-a_n>0$，则为递增数列；若 $a_{n+1}-a_n<0$，则为递减数列.

比商法：在数列 $\{a_n\}$ 中，若

$a_n>0$，$\dfrac{a_{n+1}}{a_n}>1$，则数列为递增数列；

$a_n>0$，$\dfrac{a_{n+1}}{a_n}<1$，则数列为递减数列；

$a_n<0$，$\dfrac{a_{n+1}}{a_n}>1$，则数列为递减数列；

$a_n<0$，$\dfrac{a_{n+1}}{a_n}<1$，则数列为递增数列．

典型例题

例3 若数列 $\{a_n\}$ 中 $a_n>0$，且 $a_n=n(a_{n+1}-a_n)$，则该数列为( )．

(A)递增数列　　　　　(B)递减数列　　　　　(C)常数列

(D)摆动数列　　　　　(E)无法判断单调性

【解析】由 $a_n=n(a_{n+1}-a_n)=na_{n+1}-na_n$，得 $(n+1)a_n=na_{n+1}$．

所以，$\dfrac{a_{n+1}}{a_n}=\dfrac{n+1}{n}>1$．又因为 $a_n>0$，故此数列为递增数列．

【答案】(A)

● 本节习题自测 ●

1. 已知数列 $\{a_n\}$ 的前 n 项的和记作 $S_n=2+3^{n-1}$，则它的通项 a_n 是( )．

(A)$a_n=2\times3^{n-1}$

(B)$a_n=2\times3^n$

(C)$a_n=\begin{cases}3, & n=1, \\ 2\times3^{n-1}, & n\geq2\end{cases}$

(D)$a_n=\begin{cases}3, & n=1, \\ 2\times3^n, & n\geq2\end{cases}$

(E)以上选项均不正确

●习题详解

1.（E）

【解析】当 $n=1$ 时，$a_1=S_1=2+3^{1-1}=3$；

当 $n\geq2$ 时，$a_n=S_n-S_{n-1}=(2+3^{n-1})-(2+3^{n-2})=2\times3^{n-2}$；

把 $n=1$ 代入 $a_n=2\times3^{n-2}$ 中，得 $a_1=2\times3^{-1}=\dfrac{2}{3}$，与 $a_1=3$ 不符．

所以，数列 $\{a_n\}$ 的通项公式为 $a_n=\begin{cases}3, & n=1, \\ 2\times3^{n-2}, & n\geq2.\end{cases}$

第❷节　等差数列

1. 等差数列的基本概念

1.1　等差数列的定义

若数列 $\{a_n\}$ 中，从第二项起，每一项与它的前一项的差等于同一个常数，则称此数列为等差数列，称此常数为等差数列的公差，公差通常用字母 d 表示.

等差数列定义的表达式为

$$a_{n+1}-a_n=d(n\in \mathbf{N}^+).$$

1.2　等差数列的通项公式

(1)等差数列 $\{a_n\}$ 的通项公式为

$$a_n=a_1+(n-1)d(n\in \mathbf{N}^+).$$

(2)等差数列通项公式的图像

通项公式 $a_n=a_1+(n-1)d$，可整理为 $a_n=dn+(a_1-d)$，此式形如 $a_n=An+B$，观察可得，$d=A$，$a_1=A+B$，则

①若 $d=0$，$a_n=a_1$，数列 $\{a_n\}$ 为常数列；

②若 $d\neq 0$，a_n 是 n 的一次函数，其图像是直线 $y=dx+(a_1-d)$ 上均匀排开的一群孤立的点，直线的斜率为公差.

【例】$a_n=3n-5$，可知该数列为等差数列，公差为 3，首项为 -2.

1.3　等差数列的前 n 项和

(1)等差数列 $\{a_n\}$ 的前 n 项和公式

$$S_n=\frac{n(a_1+a_n)}{2} \text{或者} S_n=na_1+\frac{n(n-1)}{2}d(n\in \mathbf{N}^+).$$

(2)等差数列前 n 项和公式的图像

前 n 项和 $S_n=na_1+\frac{n(n-1)}{2}d$，可整理为 $S_n=\frac{d}{2}n^2+\left(a_1-\frac{d}{2}\right)n$.

此式形如 $S_n=Cn^2+Dn$，观察可得，$d=2C$，$a_1=C+D$.

因此，当 $d\neq 0$ 时，S_n 是关于 n 的一元二次函数，且没有常数项；等差数列的前 n 项和 S_n 的图像为抛物线 $y=Cx^2+Dx$ 上一群孤立的点.

【例】$S_n=3n^2-5n$，则此数列一定是等差数列，且公差是 6，首项是 -2.

典型例题

例 4　等差数列 $\{a_n\}$ 的前 18 项和 $S_{18}=\frac{19}{2}$.

(1)$a_3=\frac{1}{6}$，$a_6=\frac{1}{3}$.

(2)$a_3 = \dfrac{1}{4}$，$a_6 = \dfrac{1}{2}$.

【解析】条件(1)：公差 $d = \dfrac{a_6 - a_3}{3} = \dfrac{1}{18}$，首项 $a_1 = a_3 - 2d = \dfrac{1}{6} - \dfrac{1}{9} = \dfrac{1}{18}$.

故由 $S_n = na_1 + \dfrac{n(n-1)}{2}d$ 得，$S_{18} = 18a_1 + \dfrac{18 \times (18-1)}{2}d = \dfrac{19}{2}$，条件(1)充分.

条件(2)：同理，可知公差 $d = \dfrac{a_6 - a_3}{3} = \dfrac{1}{12}$，首项 $a_1 = a_3 - 2d = \dfrac{1}{12}$.

根据求和公式的简化式可得，$S_n = \dfrac{1}{24}n^2 + \dfrac{1}{24}n$，$S_{18} = \dfrac{1}{24} \times 18^2 + \dfrac{1}{24} \times 18 = \dfrac{57}{4} \neq \dfrac{19}{2}$，条件(2)不充分.

【答案】(A)

例5 $a_1 a_8 < a_4 a_5$.

(1)$\{a_n\}$ 为等差数列，且 $a_1 > 0$.

(2)$\{a_n\}$ 为等差数列，且公差 $d \neq 0$.

【解析】特殊数列法＋万能方法.

条件(1)：举反例．设 $a_1 > 0$ 且这个数列是一个常数列，则 $a_1 a_8 = a_4 a_5$，条件(1)不充分.

条件(2)：$a_1 a_8 = a_1(a_1 + 7d) = a_1^2 + 7a_1 d$，$a_4 a_5 = (a_1 + 3d)(a_1 + 4d) = a_1^2 + 7a_1 d + 12d^2$．又因为 $d \neq 0$，所以 $a_1 a_8 < a_4 a_5$，条件(2)充分.

【答案】(B)

例6 首项为 -72 的等差数列，从第 10 项开始为正数，则公差 d 的取值范围是（　　）.

(A)$d > 8$　　　　　　　　(B)$d < 9$　　　　　　　　(C)$8 \leqslant d < 9$

(D)$8 < d \leqslant 9$　　　　　　(E)$8 < d < 9$

【解析】根据题意，得

$$\begin{cases} a_{10} = -72 + (10-1)d = -72 + 9d > 0, \\ a_9 = -72 + (9-1)d = -72 + 8d \leqslant 0, \end{cases}$$

解得 $8 < d \leqslant 9$.

【答案】(D)

2. 等差数列的性质

2.1 单调性

若公差 $d > 0$，则等差数列为递增数列.

若公差 $d < 0$，则等差数列为递减数列.

若公差 $d = 0$，则等差数列为常数列.

2.2 等差中项

若三个数 a，b，c 满足 $2b = a + c$，则称 b 为 a 和 c 的等差中项．$b = \dfrac{a+c}{2}$ 是 a，b，c 成等差数

列的充要条件.

在等差数列 $\{a_n\}$ 中，$2a_{n+1}=a_n+a_{n+2}(n\in\mathbf{N}^+)$.

2.3　下标和定理

在等差数列中，若 $m+n=p+q(m,n,p,q\in\mathbf{N}^+)$，则 $a_m+a_n=a_p+a_q$.

【注意】该性质可以推广到3项或者多项，但是等式两边的项数必须一样.

【例】$a_m+a_n+a_p=3a_k(m+n+p=3k,k\in\mathbf{N}^+)$.

若总项数为奇数，则 $a_1+a_n=a_2+a_{n-1}=a_3+a_{n-2}=\cdots=2a_{\frac{n+1}{2}}$.

典型例题

例7　已知等差数列 $\{a_n\}$ 中，$a_2+a_3+a_{10}+a_{11}=64$，则 $S_{12}=($　　$)$.

(A)64　　　　(B)81　　　　(C)128　　　　(D)192　　　　(E)188

【解析】下标和定理的应用.

$$a_2+a_3+a_{10}+a_{11}=(a_2+a_{11})+(a_3+a_{10})=2(a_2+a_{11})=64,$$

故 $S_{12}=\dfrac{12(a_1+a_{12})}{2}=6(a_2+a_{11})=192$.

【答案】(D)

例8　已知 $\{a_n\}$ 是等差数列，$a_2+a_5+a_8=18$，$a_3+a_6+a_9=12$，则 $a_4+a_7+a_{10}=($　　$)$.

(A)6　　　　(B)10　　　　(C)13　　　　(D)16　　　　(E)20

【解析】因为 $\{a_n\}$ 是等差数列，故 $a_2+a_5+a_8$，$a_3+a_6+a_9$，$a_4+a_7+a_{10}$ 也成等差数列.

由中项公式可知，$2(a_3+a_6+a_9)=(a_2+a_5+a_8)+(a_4+a_7+a_{10})$，即 $2\times12=18+(a_4+a_7+a_{10})$，得 $a_4+a_7+a_{10}=6$.

【答案】(A)

例9　等差数列 $\{a_n\}$ 的前13项和 $S_{13}=52$.

(1)$a_4+a_{10}=8$.

(2)$a_2+2a_8-a_4=8$.

【解析】条件(1)：由前 n 项和公式，可知 $S_{13}=\dfrac{13(a_1+a_{13})}{2}=\dfrac{13(a_4+a_{10})}{2}=52$，故条件(1)充分.

条件(2)：由等差数列通项公式，有 $a_2+2a_8-a_4=a_1+d+2(a_1+7d)-(a_1+3d)=8$，可得 $2a_1+12d=8$，即 $a_1+a_{13}=8$. 故 $S_{13}=\dfrac{13(a_1+a_{13})}{2}=52$，条件(2)充分.

【答案】(D)

❧ 本节习题自测 ❧

1. 等差数列 $\{a_n\}$ 中，若 $a_n=2n+3$，则 $S_n=($　　$)$.

(A)$2n^2+3n$　　　(B)$4n^2+n$　　　(C)n^2+4n　　　(D)$4n^2+1$　　　(E)n^2+4

2. 在等差数列 $\{a_n\}$ 中，满足 $3(a_3+a_5)+2(a_7+a_{10}+a_{13})=24$，则 $S_{13}=($).

    (A)52   (B)26   (C)56   (D)156   (E)284

3. 在等差数列 $\{a_n\}$ 中，$a_2+a_5+a_9+a_{12}=60$，那么 $S_{13}=($).

    (A)390   (B)210   (C)195   (D)180   (E)120

4. 已知等差数列 $\{a_n\}$ 中，$a_3a_7=-12$，$a_4+a_6=-4$，则此数列中前 20 项和 S_{20} 为(   ).

    (A)-180 (B)180   (C)-180 或 260

    (D)180 或 -260 (E)以上选项均不正确

5. 已知等差数列 $\{a_n\}$ 中，$a_4=9$，$a_9=-6$，则满足 $S_n=54$ 的所有的 n 的值为(   ).

    (A)4 或 9   (B)4   (C)9   (D)3 或 8   (E)8

6. 在等差数列 $\{a_n\}$ 中，$a_3=4$.

    (1)等差数列 $\{a_n\}$ 中，$a_1+a_2+a_3+a_4+a_5=20$.

    (2)数列 $\{a_n\}$ 中，前 n 项和 $S_n=14n-2n^2$.

习题详解

1.（C）

【解析】根据 a_n 与 S_n 的公式的形式，可得

$$a_n=An+B\ (d=A，a_1=A+B)，$$
$$S_n=Cn^2+Dn\ (d=2C，a_1=C+D)，$$

当 $a_n=2n+3$ 时，可知 $d=2$，$a_1=5$，进而可得，$C=\dfrac{d}{2}=1$，$D=a_1-C=4$，故 $S_n=n^2+4n$.

2.（B）

【解析】根据下标和定理，可得

$$3(a_3+a_5)+2(a_7+a_{10}+a_{13})=3\times2a_4+2\times3a_{10}=6(a_4+a_{10})=24，$$

即 $a_4+a_{10}=4$，可得 $S_{13}=\dfrac{(a_1+a_{13})\times13}{2}=\dfrac{(a_4+a_{10})\times13}{2}=26$.

3.（C）

【解析】根据下标和定理，可得

$$a_2+a_5+a_9+a_{12}=2(a_1+a_{13})=60，$$

即 $a_1+a_{13}=30$，可得 $S_{13}=\dfrac{(a_1+a_{13})\times13}{2}=\dfrac{30\times13}{2}=195$.

4.（D）

【解析】由下标和定理可知，$a_4+a_6=a_3+a_7=-4$.

由 $\begin{cases}a_3a_7=-12，\\a_3+a_7=-4，\end{cases}$ 解得 $\begin{cases}a_3=-6，\\a_7=2\end{cases}$ 或 $\begin{cases}a_3=2，\\a_7=-6.\end{cases}$

前者：$d=\dfrac{2-(-6)}{4}=2$，$a_1=a_3-2d=-10$，$S_{20}=20\cdot(-10)+\dfrac{20\times19}{2}\cdot2=180$.

后者：$d=\dfrac{-6-2}{4}=-2$，$a_1=a_3-2d=6$，$S_{20}=20\times6+\dfrac{20\times19}{2}\times(-2)=-260$.

5.（A）

【解析】设公差为 d，则有

$$d=\frac{a_9-a_4}{9-4}=-3,\ a_4=a_1+(4-1)d=9\Rightarrow a_1=18.$$

$$S_n=\frac{d}{2}n^2+\left(a_1-\frac{d}{2}\right)n=-\frac{3}{2}n^2+\left(18+\frac{3}{2}\right)n=54\Rightarrow n^2-13n+36=0\Rightarrow n=4\ \text{或}\ 9.$$

6.（D）

【解析】条件(1)：$a_1+a_2+a_3+a_4+a_5=20$，因为 $a_1+a_5=a_2+a_4=2a_3$，所以 $5a_3=20$，$a_3=4$，条件(1)充分.

条件(2)：$a_3=S_3-S_2=14\times 3-2\times 3^2-(14\times 2-2\times 2^2)=4$，条件(2)充分.

第 3 节　等比数列

1. 等比数列的基本概念

1.1　等比数列的定义

若数列 $\{a_n\}$ 中，从第二项起，每一项与它的前一项的比等于同一个常数，则称此数列为等比数列，称此常数为等比数列的公比，公比通常用字母 q 表示$(q\neq 0)$.

等比数列定义的表达式为 $\frac{a_{n+1}}{a_n}=q(n\in \mathbf{N}^+,\ q\neq 0)$.

1.2　等比数列的通项公式

(1)等比数列 $\{a_n\}$ 的通项公式

$$a_n=a_1q^{n-1}(q\neq 0,\ n\in \mathbf{N}^+).$$

(2)等比数列通项公式的特征

通项公式 $a_n=a_1q^{n-1}$，可整理为 $a_n=\left(\frac{a_1}{q}\right)q^n$，形如 $y=Aq^x$.

1.3　等比数列的前 n 项和

(1)等比数列 $\{a_n\}$ 的前 n 项和公式为

当 $q\neq 1$ 时，$S_n=\frac{a_1(1-q^n)}{1-q}=\frac{a_1(q^n-1)}{q-1}(q\neq 0,\ n\in \mathbf{N}^+)$；当 $q=1$ 时，$S_n=na_1$.

【易错点】等比数列的求和公式，当不能确定"q"的值时，应分 $q=1$，$q\neq 1$ 两种情况来讨论.

(2)等比数列的前 n 项和公式的特征

当 $q\neq 1$ 时，前 n 项和 $S_n=\frac{a_1(1-q^n)}{1-q}$，可整理为 $S_n=\frac{a_1}{q-1}q^n-\frac{a_1}{q-1}$，形如

$$S_n=kq^n-k=k(q^n-1).$$

典型例题

例10　$S_2 + S_5 = 2S_8$.

(1)等比数列前 n 项的和为 S_n 且公比 $q = -\dfrac{\sqrt[3]{4}}{2}$.

(2)等比数列前 n 项的和为 S_n 且公比 $q = \dfrac{1}{\sqrt[3]{2}}$.

【解析】*万能方法*.

在等比数列中，$S_2 + S_5 = 2S_8$，即

$$\frac{a_1(1-q^2)}{1-q} + \frac{a_1(1-q^5)}{1-q} = 2\frac{a_1(1-q^8)}{1-q},$$

$$1 - q^2 + 1 - q^5 = 2 - 2q^8 \Rightarrow 2q^8 - q^5 - q^2 = 0 \Rightarrow 2q^6 - q^3 - 1 = 0,$$

解得 $q = 1$(舍去)或 $q = -\dfrac{\sqrt[3]{4}}{2}$. 所以，条件(1)充分，条件(2)不充分.

【快速得分法】$S_2 + S_5 = 2S_8$，两边减去 $2S_5$，得 $S_2 - S_5 = 2(S_8 - S_5)$，即

$$-(a_3 + a_4 + a_5) = 2(a_6 + a_7 + a_8),$$

$$-(a_3 + a_4 + a_5) = 2(a_3 + a_4 + a_5) \times q^3,$$

解得 $q^3 = -\dfrac{1}{2}$，$q = \dfrac{-\sqrt[3]{4}}{2}$.

【答案】(A)

2. 等比数列的性质

2.1　等比数列的单调性

若首项 $a_1 > 0$，公比 $q > 1$，则等比数列为递增数列；

若首项 $a_1 > 0$，公比 $0 < q < 1$，则等比数列为递减数列；

若首项 $a_1 < 0$，公比 $q > 1$，则等比数列为递减数列；

若首项 $a_1 < 0$，公比 $0 < q < 1$，则等比数列为递增数列；

若公比 $q = 1$，则等比数列为常数列；

若公比 $q < 0$，则等比数列为摆动数列.

2.2　等比中项

若三个非零实数 a，b，c 满足 $b^2 = ac$，则称 b 为 a 和 c 的等比中项. $b = \pm\sqrt{ac}$ 是 a，b，c 成等比数列的充要条件.

在等比数列 $\{a_n\}$ 中，$a_{n+1}^2 = a_n \cdot a_{n+2}(n \in \mathbf{N}^+)$.

2.3　下标和定理

(1)在等比数列中，若 $m + n = p + q(m, n, p, q \in \mathbf{N}^+)$，则 $a_m \cdot a_n = a_p \cdot a_q$.

【注意】该性质可以推广到 3 项或者多项，但是等式两边的项数必须一样.

(2)若等比数列的总项数为奇数，则 $a_1 a_n = a_2 a_{n-1} = a_3 a_{n-2} = \cdots = a_{\frac{1+n}{2}}^2$

典型例题

例11　等比数列 $\{a_n\}$ 中，$a_5+a_1=34$，$a_5-a_1=30$，那么 $a_3=($ 　　$)$.

(A)± 8　　　　(B)-8　　　　(C)± 5　　　　(D)-5　　　　(E)8

【解析】由题意，得

$$\begin{cases} a_5+a_1=34, \\ a_5-a_1=30 \end{cases} \Rightarrow \begin{cases} a_1=2, \\ a_5=32. \end{cases}$$

由中项公式知，$a_3{}^2=a_1\cdot a_5=64$，解得 $a_3=\pm 8$. 因为 a_1，a_3，a_5 同为奇数项，故三者同号，应舍去 $a_3=-8$，所以 $a_3=8$.

【易错点】在等比数列中，所有奇数项都是同号的，所有偶数项也都是同号的，但是相邻两项可能同号也可能异号.

【答案】(E)

例12　正项等比数列 $\{a_n\}$ 的前 n 项和为 S_n，若 $a_1=3$，$a_2a_4=144$，则 S_{10} 的值是($ 　　$)$.

(A)511　　　　(B)$1\,023$　　　　(C)$1\,533$　　　　(D)$3\,069$　　　　(E)$3\,648$

【解析】由等比中项公式可知，$a_2a_4=a_3{}^2=144$，$a_3=\pm 12$，又因为 $\{a_n\}$ 是正项等比数列，所以 $a_3=12$，$a_3=a_1\cdot q^2$，则 $q=2$. 故 $S_{10}=\dfrac{a_1(1-q^{10})}{1-q}=3\times(2^{10}-1)=3\,069$.

【答案】(D)

例13　在等比数列 $\{a_n\}$ 中，$a_7\cdot a_{11}=6$，$a_4+a_{14}=5$，则 $\dfrac{a_{20}}{a_{10}}=($ 　　$)$.

(A)$\dfrac{2}{3}$　　　　　　　　(B)$\dfrac{3}{2}$　　　　　　　　(C)$\dfrac{3}{2}$ 或 $\dfrac{2}{3}$

(D)$-\dfrac{2}{3}$ 或 $-\dfrac{3}{2}$　　　　(E)以上选项均不正确

【解析】由下标和定理，得 $a_7\cdot a_{11}=a_4\cdot a_{14}=6$，$a_4+a_{14}=5$，解得 $a_4=2$，$a_{14}=3$ 或 $a_4=3$，$a_{14}=2$，故 $\dfrac{a_{20}}{a_{10}}=\dfrac{a_{14}}{a_4}=\dfrac{3}{2}$ 或 $\dfrac{2}{3}$.

【答案】(C)

3. 无穷等比数列

当 $n\to+\infty$，且 $0<|q|<1$ 时，$S=\lim\limits_{n\to+\infty}\dfrac{a_1(1-q^n)}{1-q}=\dfrac{a_1}{1-q}$.

典型例题

例14　一个球从 100 米高处自由落下，每次着地后又跳回前一次高度的一半再落下. 当它第 10 次着地时，共经过的路程是($ 　　$)$米(精确到 1 米且不计任何阻力).

(A)300　　　　(B)250　　　　(C)200　　　　(D)150　　　　(E)100

【解析】第一次从高处下落，路程为 100 米；

第一次着地弹起，到第二次着地的路程为 $50+50=100$（米）；

第二次着地弹起，到第三次着地的路程为 $25+25=50$（米）.

故从第一次着地起，每次着地后到下一次着地的路程构成一个首项为 100、公比为 $\frac{1}{2}$ 的等比

数列，到第 10 次着地时，一共经过的路程为 $S=100+S_9=100+\dfrac{100\times\left[1-\left(\frac{1}{2}\right)^9\right]}{1-\frac{1}{2}}\approx300$（米）.

【快速得分法】第一次从高处下落，路程为 100 米；

第一次着地弹起，到第二次着地的路程为 $50+50=100$（米）；

第二次着地弹起，到第三次着地的路程为 $25+25=50$（米）.

可知着地 10 次的总路程一定大于 250 米，只有(A)选项满足此条件.

【答案】(A)

● 本节习题自测 ●

1. 已知数列 $\{a_n\}$ 为等比数列，则 a_9 的值可唯一确定.

(1) $a_1a_7=64$.

(2) $a_2+a_6=20$.

2. 无穷等比数列 $\{q^n\}$ 各项的和是 3，则 $q=$（　　）.

(A) $\frac{3}{4}$　　　(B) $\frac{2}{3}$　　　(C) $\frac{4}{5}$　　　(D) $-\frac{4}{5}$　　　(E) $\frac{1}{2}$

3. 若一元二次方程 $ax^2+2bx+c=0(abc\neq0)$ 有两个相等实根，则（　　）.

(A) a、b、c 成等比数列　　　　　　　(B) a、c、b 成等比数列

(C) b、a、c 成等比数列　　　　　　　(D) a、b、c 成等差数列

(E) b、a、c 成等差数列

4. 已知 a、b、c 既成等差数列又成等比数列，设 α、β 是方程 $ax^2+bx-c=0$ 的两根，且 $\alpha>\beta$，则 $\alpha^3\beta-\alpha\beta^3$ 等于（　　）.

(A) $\sqrt{5}$　　　　　　　(B) $\sqrt{15}$　　　　　　　(C) $\sqrt{35}$

(D) $\sqrt{6}$　　　　　　　(E) 以上选项均不正确

5. 已知等差数列 $\{a_n\}$ 的公差不为 0，且第三、四、七项构成等比数列，则 $\dfrac{a_2+a_6}{a_3+a_7}=$（　　）.

(A) $\frac{3}{5}$　　　(B) $\frac{2}{3}$　　　(C) $\frac{3}{4}$　　　(D) $\frac{4}{5}$　　　(E) 1

6. 若 2，2^x-1，2^x+3 成等比数列，则 $x=$（　　）.

(A) $\log_2 5$　　　(B) $\log_2 6$　　　(C) $\log_2 7$　　　(D) $\log_2 8$　　　(E) $\log_2 9$

习题详解

1.（E）

【解析】两个条件单独显然不充分，联立之．

条件（1）：由下标和定理，得 $a_1a_7=a_2a_6=64$．

条件（2）：$a_2+a_6=20$．

联立两个方程得 $\begin{cases} a_2=4, \\ a_6=16 \end{cases}$ 或 $\begin{cases} a_2=16, \\ a_6=4, \end{cases}$ 故 a_9 的值有 2 个，不能唯一确定，即两个条件联立起来也不充分．

2.（A）

【解析】$a_1=q^1=q$，故 $S=\dfrac{a_1}{1-q}=\dfrac{q}{1-q}=3$，解得 $q=\dfrac{3}{4}$．

3.（A）

【解析】$ax^2+2bx+c=0$ 有两个相等的实根，则方程的判别式 $\Delta=0$．

故 $(2b)^2-4ac=4b^2-4ac=0$，即 $b^2=ac$，所以 a、b、c 成等比数列．

4.（A）

【解析】a、b、c 既成等差数列又成等比数列，说明 $a=b=c\neq0$．

方程两边除以 a，化为 $x^2+x-1=0$，结合韦达定理得

$$\alpha^3\beta-\alpha\beta^3=\alpha\beta(\alpha^2-\beta^2)=\alpha\beta(\alpha+\beta)(\alpha-\beta)=(-1)\times(-1)\times\frac{\sqrt{\Delta}}{|a|}=\sqrt{5}.$$

5.（A）

【解析】因为第三、四、七项构成等比数列，则 $a_3a_7=a_4^2\Rightarrow a_3(a_3+4d)=(a_3+d)^2$，化简，得 $d=2a_3$，则

$$\frac{a_2+a_6}{a_3+a_7}=\frac{2a_3+2d}{2a_3+4d}=\frac{6a_3}{10a_3}=\frac{3}{5}.$$

6.（A）

【解析】由等比中项公式，可知 $(2^x-1)^2=2(2^x+3)$，可得 $(2^x)^2-4\cdot2^x-5=0$．令 $2^x=t(t>0)$，则 $t^2-4t-5=0$，得 $t_1=5$，$t_2=-1$（舍去），即 $2^x=5$，$x=\log_2 5$．

第5章 几何

本章考点大纲原文

1. 平面图形

(1)三角形

(2)四边形

矩形、平行四边形、梯形

(3)圆与扇形

2. 空间几何体

(1)长方体

(2)柱体

(3)球体

3. 平面解析几何

(1)平面直角坐标系

(2)直线方程与圆的方程

(3)两点间距离公式与点到直线的距离公式

听本章课程

本章知识架构

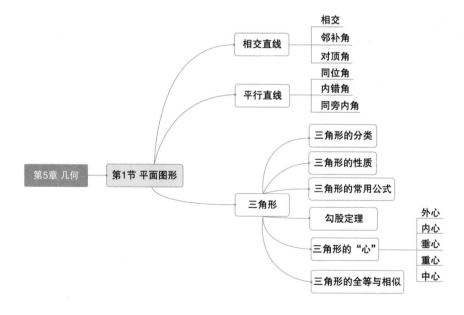

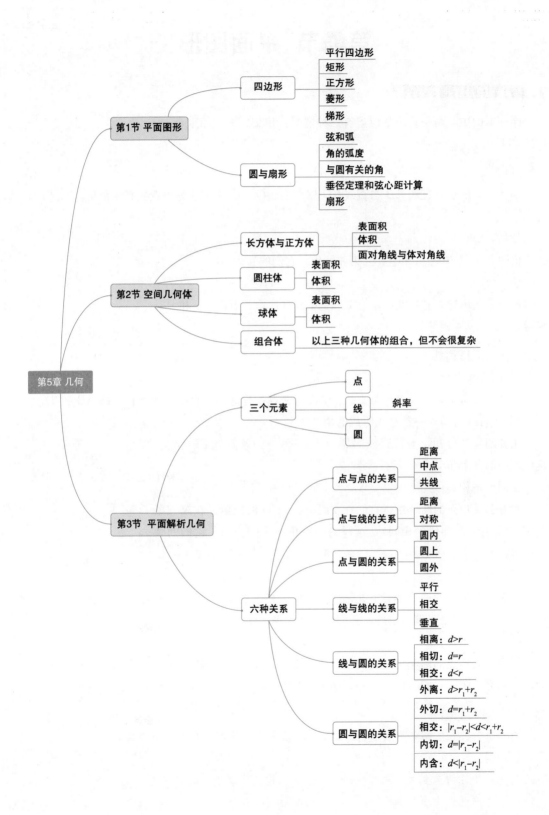

第 **1** 节 平面图形

1. 直线的位置关系

同一平面中，两条直线的位置有三种情况：相交、平行和重合．

1.1 相交直线

（1）相交

如图 5-1 所示，直线 AB 与直线 CD 相交于点 O，其中以 O 为顶点共有 4 个角，即 $\angle 1$，$\angle 2$，$\angle 3$，$\angle 4$.

（2）邻补角

由图 5-1 可知，$\angle 1$ 和 $\angle 2$ 互为邻补角，它们的和为 $180°$.

（3）对顶角

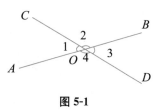

图 5-1

由图 5-1 可知，$\angle 1$ 和 $\angle 3$，$\angle 2$ 和 $\angle 4$ 为对顶角，所以 $\angle 1$ 和 $\angle 3$ 相等，$\angle 2$ 和 $\angle 4$ 相等．

1.2 平行直线

（1）两直线平行

如图 5-2 所示，直线 AB 与直线 CD 没有交点，称这两条直线互相平行，即 $AB//CD$.

（2）平行线与另外一条直线所成的角

由如图 5-2 可知，平行直线 AB、CD 与另外一条直线 EF 相交，构成图中的 8 个角．

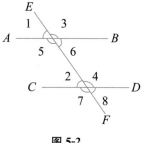

图 5-2

①同位角相等

没有公共顶点的两个角，它们在直线 AB，CD 的同侧，在第三条直线 EF 的同旁（即位置相同），这样的一对角叫作同位角，它们的角度相等．如图 5-2 所示，$\angle 1 = \angle 2$，$\angle 3 = \angle 4$，$\angle 5 = \angle 7$，$\angle 6 = \angle 8$.

②内错角相等

没有公共顶点的两个角，它们在直线 AB，CD 之间，在第三条直线 EF 的两旁（即位置交错），这样的一对角叫作内错角，它们的角度相等．如图 5-2 中，$\angle 2 = \angle 6$，$\angle 4 = \angle 5$.

③同旁内角互补

没有公共顶点的两个角，它们在直线 AB，CD 之间，在第三条直线 EF 的同旁，这样的一对角叫作同旁内角，它们的角度互补．如图 5-2 中，$\angle 2 + \angle 5 = 180°$，$\angle 4 + \angle 6 = 180°$.

1.3 重合直线

有两个公共点的两条直线重合．事实上，重合的两条直线有无数个公共点．

【注意】

在大纲中没有相交线、平行线的文字表述，因此，真题不会单独命题，但是，在三角形、四边形以及解析几何中会用到相交线、平行线的相关知识．

2. 三角形

2.1 三角形的分类

(1) 按角分类：三角形 $\begin{cases} \text{直角三角形} \\ \text{斜三角形} \begin{cases} \text{锐角三角形} \\ \text{钝角三角形} \end{cases} \end{cases}$

(2) 按边分类：三角形 $\begin{cases} \text{不等腰三角形} \\ \text{等腰三角形} \begin{cases} \text{底和腰不等的等腰三角形} \\ \text{等边三角形} \end{cases} \end{cases}$

2.2 三角形的性质

(1)三角形的内角和等于 $180°$.

(2)三角形外角等于与之不相邻的两个内角之和，三角形三个外角和等于 $360°$.

(3)三角形中任意两边之和大于第三边，两边之差小于第三边.

2.3 三角形的常用公式

(1)面积 $S=\dfrac{1}{2}ah=\dfrac{1}{2}ab\sin C=\sqrt{p(p-a)(p-b)(p-c)}=rp=\dfrac{abc}{4R}$.

其中，h 是 a 边上的高，$\angle C$ 是 a，b 边所夹的角，$p=\dfrac{1}{2}(a+b+c)$，r 为三角形内切圆的半径，R 为三角形外接圆的半径.

(2)等腰直角三角形的面积：$S=\dfrac{1}{2}a^2=\dfrac{1}{4}c^2$，其中 a 为直角边，c 为斜边.

(3)等边三角形的面积：$S=\dfrac{\sqrt{3}}{4}a^2$，其中 a 为边长.

(4)正弦定理：在任意 $\triangle ABC$ 中，$\angle A$，$\angle B$，$\angle C$ 所对的边长分别为 a，b，c，三角形外接圆的半径为 R，直径为 d，则有 $\dfrac{a}{\sin A}=\dfrac{b}{\sin B}=\dfrac{c}{\sin C}=2R=d$.

(5)余弦定理：在任意 $\triangle ABC$ 中，$\angle A$，$\angle B$，$\angle C$ 所对的边长分别为 a，b，c，则有 $\cos A=\dfrac{b^2+c^2-a^2}{2bc}$，$\cos B=\dfrac{a^2+c^2-b^2}{2ac}$，$\cos C=\dfrac{a^2+b^2-c^2}{2ab}$.

(6)中线长定理：在任意 $\triangle ABC$ 中，若 BC 边上的中点为 D，即 AD 为三角形的中线，则有 $AB^2+AC^2=2BD^2+2AD^2$.

典型例题

例1 如图 5-3 所示，$PQ \cdot RS=12$.

(1)$QR \cdot PR=12$.   (2)$PQ=5$.

【解析】条件(1)：由三角形面积公式，可知 $PQ \cdot RS=QR \cdot PR=12$，充分.

条件(2)：显然不充分.

【答案】(A)

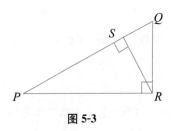

图 5-3

例2 三角形 ABC 的面积保持不变．

(1)底边 AB 增加了 2 厘米，AB 上的高 h 减少了 2 厘米．

(2)底边 AB 扩大了 1 倍，AB 上的高 h 减少了 50%．

【解析】设底边 $AB=a$，对应的高为 h，则三角形面积为 $S=\frac{1}{2}ah$．

条件(1)：改变后的三角形面积为 $S'=\frac{1}{2}(a+2)(h-2)$，显然不充分．

条件(2)：改变后的三角形面积为 $S'=\frac{1}{2}\cdot 2a\cdot\frac{h}{2}=\frac{1}{2}ah=S$，条件(2)充分．

【答案】(B)

2.4 特殊三角形

(1)直角三角形

①勾股定理：直角三角形中，两条直角边的平方和等于斜边的平方，即 $a^2+b^2=c^2$ 或 $c=\sqrt{a^2+b^2}$；

②两锐角互余：$\angle A+\angle B=90°$；

③斜边上的中点到直角三角形 3 个顶点的距离相等；

④30°的角的对边是斜边的一半．

⑤射影定理：

在 Rt$\triangle ABC$ 中，$\angle ACB=90°$，CD 是斜边 AB 上的高，如图 5-4 所示，有

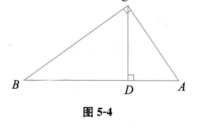

图 5-4

$CD^2=BD\cdot AD$；$BC^2=BD\cdot BA$；$AC^2=AD\cdot AB$；

根据面积相等，可得 $CB\cdot CA=AB\cdot CD$．

(2)等腰三角形

若等腰$\triangle ABC$ 中，顶角为 $\angle A$，底角为 $\angle B$ 和 $\angle C$，$AB=AC$，则 $\angle B=\angle C$，即等边对等角（反之亦然）．顶角的角平分线、底边上的高和底边上的中线三线合一．

(3)等边三角形

等边$\triangle ABC$ 中，$AB=BC=AC=a$，$\angle A=\angle B=\angle C=60°$，$S_{\triangle ABC}=\frac{\sqrt{3}}{4}a^2$．

例3 方程 $x^2-(3+\sqrt{34})x+3\sqrt{34}=0$ 的两根分别为直角三角形的斜边和一个直角边，则该直角三角形的面积是(　　)．

(A)$\frac{3\sqrt{34}}{2}$　　　　(B)$\frac{15}{2}$　　　　(C)$\frac{5\sqrt{34}}{2}$　　　　(D)$\frac{3\sqrt{34}}{4}$　　　　(E)$\frac{5\sqrt{34}}{4}$

【解析】原方程可化为 $(x-3)(x-\sqrt{34})=0$，解得 $x_1=3$，$x_2=\sqrt{34}$．

所以直角三角形的斜边和一个直角边的长度分别为 $\sqrt{34}$，3，另一直角边长度为 $\sqrt{34-3^2}=5$.

故该直角三角形的面积为$\frac{1}{2}\times5\times3=\frac{15}{2}$.

【答案】(B)

例4 如图5-5所示，在直角三角形 ABC 区域内部有座山，现计划从 BC 边上某点 D 开凿一条隧道到点 A，要求隧道长度最短，已知 AB 长为 5 千米，AC 长为 12 千米，则所开凿的隧道 AD 的长度约为(　　)千米.

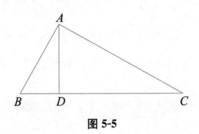

图 5-5

(A)4.12　　　　(B)4.22　　　　(C)4.42　　　　(D)4.62　　　　(E)4.92

【解析】根据勾股定理，可知 $BC=\sqrt{5^2+12^2}=13$(千米).

要使 AD 最短，则 AD 应为 BC 边上的高，所以 $AD=\dfrac{AB\cdot AC}{BC}=\dfrac{5\times12}{13}\approx4.62$(千米).

【答案】(D)

例5 如图5-6所示，三个边长为1的正方形所覆盖区域(实线所围)的面积为(　　).

(A)$3-\sqrt{2}$

(B)$3-\dfrac{3\sqrt{2}}{4}$

(C)$3-\sqrt{3}$

(D)$3-\dfrac{\sqrt{3}}{2}$

(E)$3-\dfrac{3\sqrt{3}}{4}$

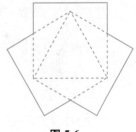

图 5-6

【解析】如图5-6所示，中间的部分为一个等边三角形和3个全等的等腰三角形.

已知等边三角形的边长为1，则等边三角形面积为$\dfrac{\sqrt{3}}{4}$；

已知等腰三角形的底边长为1，两底角为 30°，可得等腰三角形面积为$\dfrac{\sqrt{3}}{12}$.

各区域相加，可得覆盖区域面积为$3\left(1-\dfrac{\sqrt{3}}{4}-2\times\dfrac{\sqrt{3}}{12}\right)+\dfrac{\sqrt{3}}{4}+3\times\dfrac{\sqrt{3}}{12}=3-\dfrac{3\sqrt{3}}{4}$；

或者对于重叠部分，应用三饼图原理，区域的面积为$3-3\left(\dfrac{\sqrt{3}}{12}+\dfrac{\sqrt{3}}{4}\right)+\dfrac{\sqrt{3}}{4}=3-\dfrac{3\sqrt{3}}{4}$.

【答案】(E)

2.5 三角形的"心"

（1）外心

定义：三角形三条中垂线的交点叫外心，即外接圆圆心，一般用字母 O 表示．如图 5-7 所示．

性质：①外心到三个顶点距离相等，即 $OA=OB=OC$．

②外心与三角形各边的中点的连线垂直于这一边，即 $OD\perp BC$，$OE\perp AC$，$OF\perp AB$．

③$\angle BAC=\dfrac{1}{2}\angle BOC$，$\angle ABC=\dfrac{1}{2}\angle AOC$，$\angle ACB=\dfrac{1}{2}\angle AOB$．

④三角形的面积＝三角形三边之积÷4 倍外接圆的半径，即 $S=\dfrac{abc}{4R}$，故外接圆的半径 $R=\dfrac{abc}{4S}$．

⑤直角三角形外接圆的圆心是斜边的中点，半径是斜边的一半．

（2）内心

定义：三角形三条角平分线的交点叫三角形的内心，即内切圆圆心，用字母 I 表示．如图5-8所示．

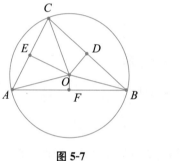

图 5-7

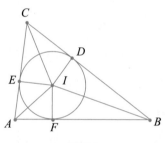

图 5-8

性质：①内心到三角形的三边距离相等，且顶点与内心的连线平分顶角．

②三角形的面积＝$\dfrac{1}{2}\times$三角形的周长×内切圆的半径，即 $S=\dfrac{1}{2}\cdot(a+b+c)\cdot r$，故内切圆的半径 $r=\dfrac{2S}{a+b+c}$．

③直角三角形内切圆的半径为 $r=\dfrac{a+b-c}{2}$，a，b 为直角边，c 为斜边．

④$AE=AF$，$BF=BD$，$CD=CE$；$AE+BF+CD=$三角形的周长的一半．

（3）垂心

定义：三角形三条高的交点叫垂心，一般用字母 H 表示．如图 5-9 所示．

性质：顶点与垂心连线必垂直对边，即 $AH\perp BC$，$BH\perp AC$，$CH\perp AB$．

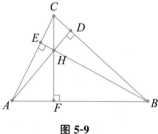

图 5-9

（4）重心

定义：三角形三条中线的交点叫重心，一般用字母 G 表示．如图 5-10 所示．

性质：①顶点与重心 G 的连线必平分对边．

②重心定理：三角形重心与顶点的距离等于它与对边中点的距离的 2 倍，即 $GA=2GD$，$GB=2GE$，$GC=2GF$．

③重心的坐标是三个顶点坐标的平均值，即 $x_G=\dfrac{x_A+x_B+x_C}{3}$，$y_G=\dfrac{y_A+y_B+y_C}{3}$.

④重心与三角形的三个顶点构成的三个三角形面积相等.

(5)中心

定义：对于等边三角形来说，内心、外心、垂心、重心是同一个点，可称为等边三角形的中心，它具有以上介绍的所有点的性质. 如图 5-11 所示.

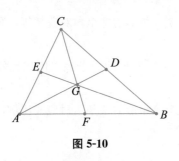

图 5-10

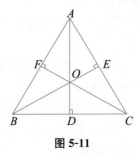

图 5-11

典型例题

例6　直角三角形的一条直角边长度等于斜边长度的一半，则它的外接圆面积与内切圆面积的比值为（　　）.

(A)9　　　　(B)4　　　　(C)$\sqrt{26}$　　　　(D)$1+\sqrt{3}$　　　　(E)$4+2\sqrt{3}$

【解析】不妨设直角三角形的三边长为 1，$\sqrt{3}$，2，则其面积 $S=\dfrac{1}{2}\times 1\times\sqrt{3}=\dfrac{\sqrt{3}}{2}$.

方法一：由内心的性质②可知，内切圆的半径为 $r=\dfrac{2S}{a+b+c}=\dfrac{2\times\dfrac{\sqrt{3}}{2}}{1+2+\sqrt{3}}=\dfrac{\sqrt{3}}{3+\sqrt{3}}=\dfrac{1}{\sqrt{3}+1}$.

由外心的性质④可知，外接圆的半径为 $R=\dfrac{abc}{4S}=\dfrac{1\times 2\times\sqrt{3}}{4\times\dfrac{\sqrt{3}}{2}}=1$.

方法二：由内心的性质③可知，直角三角形内切圆的半径 $r=\dfrac{a+b-c}{2}=\dfrac{1+\sqrt{3}-2}{2}=\dfrac{\sqrt{3}-1}{2}$.

由外心的性质⑤可知，直角三角形外接圆的半径为 $R=1$.

故外接圆面积与内切圆面积的比为 $\dfrac{\pi\times 1^2}{\pi\times\left(\dfrac{\sqrt{3}-1}{2}\right)^2}=4+2\sqrt{3}$.

【答案】(E)

例7　三角形 ABC 的重心是点 G，已知 $S_{\triangle AGB}=3$，则三角形 ABC 的面积为（　　）.

(A)9　　　　(B)4　　　　(C)6　　　　(D)12　　　　(E)15

【解析】根据重心的性质④，重心与三角形的三个顶点构成的三个三角形面积相等.

故 $S_{\triangle ABC}=3S_{\triangle AGB}=9$.

【答案】(A)

2.6 三角形的全等与相似

（1）三角形全等的判定

判定定理①：三边长对应相等的三角形全等．

判定定理②：两边长及它们的夹角对应相等的三角形全等．

判定定理③：一边长及两个角对应相等的三角形全等．

（2）三角形相似的判定

判定定理①：若一个三角形的两个角与另外一个三角形的两个角对应相等，则这两个三角形相似．

判定定理②：若一个三角形的两条边与另外一个三角形的两条边对应成比例，并且夹角相等，则这两个三角形相似．

判定定理③：若一个三角形的三条边与另外一个三角形的三条边对应成比例，则这两个三角形相似．

（3）相似三角形的性质

性质①：相似三角形对应边的比相等，称为相似比．

性质②：相似三角形的对应高、对应中线、对应角平分线、周长的比等于相似比．

性质③：相似三角形的面积比等于相似比的平方．

典型例题

 直角三角形 ABC 的斜边 $AB=13$ 厘米，直角边 $AC=5$ 厘米，把 AC 对折到 AB 上去与斜边相重合，即点 C 与点 E 重和，折痕为 AD（如图 5-12 所示），则图中阴影部分的面积为（　）平方厘米．

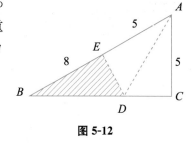

图 5-12

（A）20　　　　（B）$\dfrac{40}{3}$　　　　（C）$\dfrac{38}{3}$

（D）14　　　　（E）12

【解析】由勾股定理可得，$BC=\sqrt{AB^2-AC^2}=12$ 厘米．

方法一：由两个角对应相等，可知△ABC 与△DBE 相似，$S_{\triangle ABC}=\dfrac{1}{2}\times12\times5=30$（平方厘米），根据相似三角形的性质③：面积比等于相似比的平方，得

$$\frac{S_{\triangle ABC}}{S_{\triangle DBE}}=\left(\frac{BC}{BE}\right)^2=\left(\frac{12}{13-5}\right)^2=\frac{9}{4},$$

所以，阴影部分的面积 $S_{\triangle DBE}=\dfrac{4}{9}S_{\triangle ABC}=\dfrac{40}{3}$ 平方厘米．

方法二：AD 是直角三角形 ABC 中∠BAC 的角平分线，$CD=DE$，由△DBE 与△ABC 相似得

$$\frac{DB}{DE}=\frac{DB}{CD}=\frac{AB}{AC}\Rightarrow\frac{CD+DB}{CD}=\frac{AC+AB}{AC},\ \frac{12}{CD}=\frac{18}{5},\ DE=CD=\frac{10}{3}\text{厘米}，$$

则阴影部分的面积 $S_{\triangle DBE}=\dfrac{1}{2}DE\cdot BE=\dfrac{1}{2}\times\dfrac{10}{3}\times8=\dfrac{40}{3}$（平方厘米）．

【答案】（B）

例9 两个相似三角形$\triangle ABC$与$\triangle A'B'C'$的对应中线之比为$3:2$，若$S_{\triangle ABC}=a+3$，$S_{\triangle A'B'C'}=a-3$，则$a=($)．

(A)15　　　　　　　(B)$\dfrac{109}{15}$　　　　　　　(C)$\dfrac{39}{5}$

(D)8　　　　　　　(E)2

【解析】根据相似三角形的性质②和③，可知对应中线之比等于相似比，面积比等于相似比的平方，则有$\dfrac{S_{\triangle ABC}}{S_{\triangle A'B'C'}}=\dfrac{a+3}{a-3}=\left(\dfrac{3}{2}\right)^2$，解得$a=\dfrac{39}{5}$．

【答案】(C)

例10 如图5-13所示，在直角三角形ABC中，$AC=4$，$BC=3$，$DE//BC$，已知梯形$BCED$的面积为3，则DE长为( )．

(A)$\sqrt{3}$

(B)$\sqrt{3}+1$

(C)$4\sqrt{3}-4$

(D)$\dfrac{3\sqrt{2}}{2}$

(E)$\sqrt{2}+1$

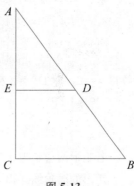

图 5-13

【解析】由题可知$S_{\triangle ABC}=\dfrac{1}{2}AC\cdot BC=\dfrac{1}{2}\times3\times4=6$，$S_{\triangle ADE}=S_{\triangle ABC}-S_{梯形BCED}=6-3=3$，又因为$\triangle ADE$和$\triangle ABC$相似，根据相似三角形的性质③，可知面积比等于相似比的平方，即$\dfrac{DE^2}{BC^2}=\dfrac{S_{\triangle ADE}}{S_{\triangle ABC}}=\dfrac{1}{2}$，解得$DE=\dfrac{3\sqrt{2}}{2}$．

【答案】(D)

∃. 四边形

$$
四边形\begin{cases}
\begin{matrix}平行四边形\\(两组对边分别平行)\end{matrix}\begin{cases}矩形(角是直角)\xrightarrow{\text{邻边相等}}\\菱形(邻边相等)\xrightarrow{\text{角是直角}}\end{cases}正方形\\
\begin{matrix}梯形\\(只有一组对边平行)\end{matrix}\begin{cases}等腰梯形(两腰相等)\\直角梯形(有一个角是直角)\end{cases}
\end{cases}
$$

3.1 平行四边形

若平行四边形两边长是a，b，以a为底边的高为h，则此平行四边形的面积为$S=ah$，周长$C=2(a+b)$．

平行四边形的对角线互相平分．

典型例题

例11　如图 5-14 所示，平行四边形 $ABCD$ 的面积为 30 平方厘米，E 为 AD 边延长线上的一点，EB 与 DC 交于 F 点，已知三角形 FBC 的面积比三角形 DEF 的面积大 9 平方厘米，$AD=5$ 厘米，则 DE 的长为（　　）.

(A)2.25 厘米　　　　　　(B)2 厘米

(C)2.5 厘米　　　　　　(D)1.75 厘米

(E)2.35 厘米

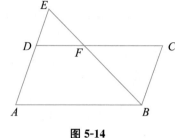

图 5-14

【解析】由已知条件可知，$S_{\triangle FBC}-S_{\triangle DEF}=9$ 平方厘米，得 $S_{四边形DABC}-S_{\triangle EAB}=9$ 平方厘米.

设 $\triangle ABE$ 的 AE 边上的高为 h 厘米，DE 长为 x 厘米，故有

$$\begin{cases} 5h-\dfrac{1}{2}h(5+x)=9, \\ 5h=30, \end{cases}$$

解得 $x=2$，即 $DE=2$ 厘米.

【答案】(B)

3.2　矩形

若矩形两边长为 a，b，则此矩形的面积 $S=ab$，周长 $C=2(a+b)$，对角线 $l=\sqrt{a^2+b^2}$.

矩形的对角线互相平分且长度相等.

3.3　正方形

若正方形的边长为 a，则此正方形的面积 $S=a^2$，周长 $C=4a$，对角线 $l=\sqrt{2}a$.

正方形的对角线互相垂直平分且长度相等.

典型例题

例12　如图 5-15 所示，一块面积为 400 平方米的正方形土地被分割成甲、乙、丙、丁四个小长方形区域作为不同的功能区域，它们的面积分别为 128 平方米、192 平方米、48 平方米和 32 平方米. 乙的左下角划出一块正方形区域(阴影)作为公共区域，这块小正方形的面积为（　　）平方米.

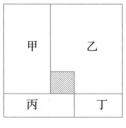

图 5-15

(A)16　　　　　(B)17　　　　　(C)18　　　　　(D)19　　　　　(E)20

【解析】大正方形的面积为 400 平方米，所以边长为 20 米．

丙和丁的面积之和为 80 平方米，所以丙和丁的宽为 4 米．

由此可知，丙的长为 12 米，甲的长为 $20-4=16$（米）．

故甲的宽为 $\dfrac{128}{16}=8$（米），所以小正方形的边长为 $12-8=4$（米），面积为 $4\times4=16$（平方米）．

【答案】(A)

例 13　P 是以 a 为边长的正方形，P_1 是以 P 的四边中点为顶点的正方形，P_2 是以 P_1 的四边中点为顶点的正方形，P_i 是以 P_{i-1} 的四边中点为顶点的正方形，则 P_6 的面积是（　　）．

(A)$\dfrac{a^2}{16}$　　　　　　(B)$\dfrac{a^2}{32}$　　　　　　(C)$\dfrac{a^2}{40}$　　　　　　(D)$\dfrac{a^2}{48}$　　　　　　(E)$\dfrac{a^2}{64}$

【解析】方法一：P_1 的边长为 $\dfrac{\sqrt{2}}{2}a$，所以 P_1 的面积为 $\left(\dfrac{\sqrt{2}}{2}a\right)^2=\dfrac{1}{2}a^2$．所以，从 P 开始，各个正方形的面积组成首项为 a^2、公比为 $\dfrac{1}{2}$ 的等比数列．

在此数列中，P_6 为第 7 项，故 P_6 的面积为 $a^2\cdot\left(\dfrac{1}{2}\right)^6=\dfrac{1}{64}a^2$．

方法二：由题干所绘图像如图 5-16 所示，正方形 P、P_2、P_4、P_6 的对角线在一条直线上，且分别为 l、$\dfrac{1}{2}l$、$\dfrac{1}{4}l$、$\dfrac{1}{8}l$．已知正方形 P 的面积 $S=\dfrac{1}{2}l^2=a^2$，故正方形 P_6 的面积 $S_6=\dfrac{1}{2}\left(\dfrac{1}{8}l\right)^2=\dfrac{1}{64}a^2$．

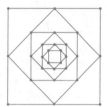

图 5-16

【答案】(E)

3.4　菱形

若菱形的四边边长均为 a，以 a 为底边的高为 h，则此菱形的面积为 $S=ah=\dfrac{1}{2}l_1l_2$（其中 l_1、l_2 分别为菱形的两条对角线的长），周长为 $C=4a$．

菱形的对角线互相垂直平分．

典型例题

例 14　如图 5-17 所示，$\triangle ABC$ 与 $\triangle CDE$ 都是等边三角形，点 E、F 分别在 AC、BC 上，且 $EF\parallel AB$，$CD=4$，则 D、F 两点间的距离为（　　）．

(A)$4\sqrt{3}$　　　　　　　　　　　(B)$2\sqrt{3}$

(C)$\sqrt{3}$　　　　　　　　　　　(D)$\dfrac{\sqrt{3}}{2}$

(E)$\dfrac{\sqrt{3}}{4}$

【解析】因为 $\triangle CDE$ 是等边三角形，所以，$ED=CD=CE$．

$\triangle ABC$ 是等边三角形，且 $EF\parallel AB$，故 $\triangle EFC\backsim\triangle ABC$，

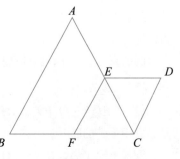

图 5-17

所以，$EF=FC=EC$.

故四边形 $EFCD$ 是菱形.

方法一：连接 DF，与 CE 相交于点 G，因为菱形的对角线互相垂直平分，故由 $CD=4$，可知 $CG=2$，$DG=\sqrt{4^2-2^2}=2\sqrt{3}$，故 $DF=4\sqrt{3}$.

方法二：由等边三角形面积公式可知，$S_{\text{菱形}EFCD}=2S_{\triangle CDE}=\dfrac{\sqrt{3}}{2}CD^2$. 看图易知，$EC$、$DF$ 分别是菱形 $EFCD$ 的两条对角线，故 $S_{\text{菱形}EFCD}=\dfrac{1}{2}\cdot EC\cdot DF=\dfrac{1}{2}\cdot CD\cdot DF=\dfrac{\sqrt{3}}{2}CD^2$，可得 $DF=\sqrt{3}CD=4\sqrt{3}$.

【答案】（A）

3.5 梯形

若梯形的上底为 a，下底为 b，高为 h，则此梯形的中位线 $l=\dfrac{1}{2}(a+b)$，面积为 $S=\dfrac{(a+b)h}{2}$.

典型例题

例15 如图 5-18 所示，等腰梯形的上底与腰均为 x，下底为 $x+10$，则 $x=13$.

(1)该梯形的上底与下底之比为 $13:23$.

(2)该梯形的面积为 216.

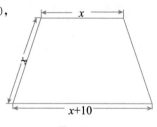

图 5-18

【解析】条件(1)：$\dfrac{x}{x+10}=\dfrac{13}{23}$，解得 $x=13$，充分.

条件(2)：$\dfrac{x+x+10}{2}\cdot\sqrt{x^2-25}=216$，由于此方程不易解，故使用代入法可知 $x=13$ 成立，充分.

【答案】（D）

4. 圆与扇形

4.1 圆的定义

平面上到一给定点 O 的距离为定值 r 的点的集合称为以 O 为圆心、r 为半径的圆，可记为 $\odot O$.

圆的直径 $d=2r$；圆的周长 $C=2\pi r$；圆的面积 $S=\pi r^2$.

4.2 弦和弧

设 A、B 为 $\odot O$ 上两点，线段 AB 称为 $\odot O$ 的一条弦，经过圆心 O 的弦也称为此圆的直径，是 $\odot O$ 中最长的弦.

圆周上界于 A、B 两点之间的部分称为弧，一条弦所对应的弧有两条. 若 AB 为直径，则弧为半圆；若 AB 非直径，则其中大于半圆的弧称为优弧，小于半圆的弧称为劣弧.

4.3 角的弧度

与半径等长的圆弧所对的圆心角为 1 弧度(1 rad).

度与弧度的换算关系：1 弧度 $=\dfrac{180^\circ}{\pi}$，$1^\circ=\dfrac{\pi}{180}$ 弧度.

$360^\circ=2\pi\text{rad}$，$180^\circ=\pi\text{rad}$，$90^\circ=\dfrac{\pi}{2}\text{rad}$，$60^\circ=\dfrac{\pi}{3}\text{rad}$，$45^\circ=\dfrac{\pi}{4}\text{rad}$，$30^\circ=\dfrac{\pi}{6}\text{rad}$.

4.4 与圆有关的角

(1)圆心角

若 $\odot O$ 上有两点 A，B，则连接 OA，OB 所成的角 $\angle AOB$ 称为一个圆心角. 如图 5-19 所示.

(2)圆周角

取圆上一点 C，分别与圆上 A、B 两点相连，所形成的角 $\angle ACB$ 叫圆周角. 弦 AB 所对圆周角是弦 AB 所对圆心角的 $\dfrac{1}{2}$，即 $a=2\beta$. 如图 5-20 所示.

(3)弦切角

设 MN 为 $\odot O$ 的切线，切点为 P，PA 为 $\odot O$ 的弦，称 $\angle APM$ 为 AP 所对的弦切角. AP 所对弦切角的大小与其所对圆周角大小相同，即 $\beta=\gamma$. 如图 5-21 所示.

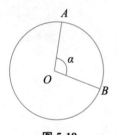

图 5-19

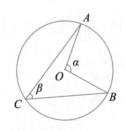

图 5-20

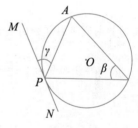

图 5-21

4.5 垂径定理和弦心距计算

设 AB 为 $\odot O$ 的弦，若 M 为 AB 的中点，则过 M 的直径 NN_1 垂直于 AB.

圆心 O 和弦 AB 的距离称为弦心距，即 OM，如图 5-22 所示.

弦心距公式：$OM=\sqrt{OA^2-\left(\dfrac{1}{2}AB\right)^2}=\sqrt{r^2-\left(\dfrac{1}{2}AB\right)^2}$.

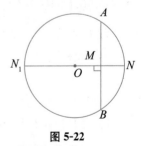

图 5-22

4.6 扇形

扇形弧长：$l=r\theta=\dfrac{\alpha}{360^\circ}\times 2\pi r$，其中 θ 为扇形角的弧度数，α 为扇形角的角度，r 为扇形半径.

扇形面积：$S=\dfrac{\alpha}{360^\circ}\times\pi r^2=\dfrac{1}{2}lr$，$\alpha$ 为扇形角的角度，r 为扇形半径，l 为扇形弧长.

典型例题

例 16 如图 5-23 所示，AB 是半圆 O 的直径，AC 是弦．若 $AB = 6$，$\angle ACO = \dfrac{\pi}{6}$，则弧 BC 的长度为（　　）．

(A) $\dfrac{\pi}{3}$　　　　　(B) π　　　　(C) 2π

(D) 1　　　　　　(E) 2

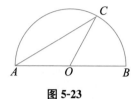

图 5-23

【解析】因为弧 BC 所对应的圆心角是圆周角的 2 倍，即 $\angle BOC = 2\angle BAC = 2\angle ACO = \dfrac{\pi}{3}$，故 BC 弧长为 $\dfrac{\pi}{3} \cdot r = \dfrac{\pi}{3} \times 3 = \pi$.

【答案】(B)

例 17 半圆 ADB 以 C 为圆心，半径为 1，且 $CD \perp AB$，分别延长 BD 和 AD 至 E 和 F，使得圆弧 AE 和 BF 分别以 B 和 A 为圆心，AB 为半径，如图 5-24 所示，则阴影部分的面积为（　　）．

(A) $\dfrac{\pi}{2} - \dfrac{1}{2}$　　　　　　(B) $(1 - \sqrt{2})\pi$

(C) $\dfrac{\pi}{2} - 1$　　　　　　(D) $\dfrac{3\pi}{2} - 2$

(E) $\pi - 1$

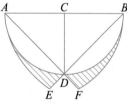

图 5-24

【解析】左边阴影部分的面积为 $S = \dfrac{1}{8}\pi \times 2^2 - \dfrac{1}{4}\pi \times 1^2 - \dfrac{1}{2} \times 1 \times 1 = \dfrac{\pi}{4} - \dfrac{1}{2}$，阴影部分面积为 $2S = \dfrac{\pi}{2} - 1$.

【答案】(C)

例 18 如图 5-25 所示，长方形 $ABCD$ 中的 $AB = 10$ 厘米，$BC = 5$ 厘米，分别以 AB 和 AD 为半径作圆，则图中阴影部分的面积为（　　）平方厘米.

(A) $25 - \dfrac{25}{2}\pi$　　　　　　(B) $25 + \dfrac{125}{2}\pi$

(C) $50 + \dfrac{25}{4}\pi$　　　　　　(D) $\dfrac{125}{4}\pi - 50$

(E) 以上选项均不正确

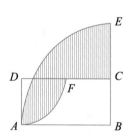

图 5-25

【解析】取 AB 的中点 G，连接 FG．如图 5-26 所示．所以

$$S_{阴影} = S_{扇形ABE} - S_{正方形BCFG} - (S_{正方形AGFD} - S_{扇形ADF})$$

$$= \dfrac{1}{4}\pi \times 10^2 - 5^2 - \left(5^2 - \dfrac{1}{4}\pi \times 5^2\right)$$

$$= \dfrac{125}{4}\pi - 50（平方厘米）.$$

【答案】(D)

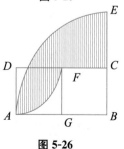

图 5-26

● 本节习题自测 ●

1. 如图 5-27 所示，在四边形 $ABCD$ 中，$AB=8$，$\angle A : \angle ABC : \angle C : \angle ADC = 3 : 7 : 4 : 10$，$\angle CDB = 60°$，则 $\triangle ABD$ 的面积是(　　).

   (A)8　　　　　　　　　(B)32

   (C)4　　　　　　　　　(D)16

   (E)64

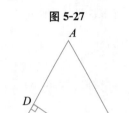

图 5-27

2. 如图 5-28 所示，在边长为 3 的等边 $\triangle ABC$ 中，D、E 分别在边 AB 和 BC 上，$BD = \frac{1}{3}AB$，$DE \perp AB$，$AB=3$，那么四边形 $ADEC$ 面积是(　　).

   (A)10　　　　　　　　(B)$10\sqrt{3}$

   (C)$\frac{7}{4}\sqrt{3}$　　　　　　(D)$\sqrt{21}$

   (E)$10\sqrt{2}$

图 5-28

3. 如图 5-29 所示，等腰梯形 $ABCD$ 中放入一个面积为 2 的半圆，且 $\angle A = 60°$，那么梯形面积等于(　　).

   (A)20　　　　　　　　(B)10

   (C)$10\sqrt{3}\pi$　　　　　(D)$\left(2+\frac{1}{\sqrt{3}}\right)\frac{4}{\pi}$

   (E)$\left(3+\frac{1}{\sqrt{2}}\right)\pi$

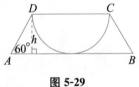

图 5-29

4. 如图 5-30 所示，直角 $\triangle ABC$ 中，AB 为圆的直径，且 $AB=20$，若面积 Ⅰ 比面积 Ⅱ 大 7，那么 $S_{\triangle ABC}=$(　　).

   (A)70π　　　　　　　(B)50π

   (C)$50\pi+7$　　　　　(D)$50\pi-7$

   (E)$70\pi-7$

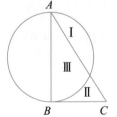

图 5-30

5. 如图 5-31 所示，AB 是圆 O 的直径，其长为 1，它的三等分点分别为 C 与 D，在 AB 上分别以 AC、AD、CB、DB 为直径画半圆．这四个半圆将原来的圆分成三部分，则其中阴影部分面积为(　　).

   (A)$\frac{1}{3}\pi$　　　　　　　(B)$\frac{1}{6}\pi$

   (C)$\frac{1}{12}\pi$　　　　　　(D)$\frac{1}{24}\pi$

   (E)$\frac{1}{36}\pi$

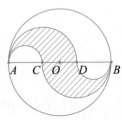

图 5-31

6. △ABC 与△A'B'C'面积之比为 2：3.

(1)△ABC∽△A'B'C'且它们的周长之比为 $\sqrt{2}$：$\sqrt{3}$.

(2)在△ABC 和△A'B'C'中，$AB：A'B'=AC：A'C'=\sqrt{2}：\sqrt{3}$，且∠A 与∠A'互补.

习题详解

1. (D)

【解析】由于四边形 ABCD 的 4 个内角之和为 360°，且∠A：∠ABC：∠C：∠ADC=3：7：4：10，可知，$\angle A=\dfrac{360°}{24}\times 3=45°$，$\angle ADC=\dfrac{360°}{24}\times 10=150°$，则∠ADB=90°，△ABD 为等腰直角三角形，所以 AB 边上的高是斜边 AB 的一半，为 4，故△ABD 的面积为 $\dfrac{1}{2}\cdot 8\cdot 4=16$.

2. (C)

【解析】△ABC 为等边三角形，由等边三角形面积公式 $S=\dfrac{\sqrt{3}}{4}a^2$，得 $S_{\triangle ABC}=\dfrac{\sqrt{3}}{4}AB^2=\dfrac{9\sqrt{3}}{4}$.

在 Rt△EDB 中，∠B=60°，∠BED=90°−60°=30°，则

$$BE=2BD=2\times\frac{1}{3}AB=2,\quad DE=\frac{\sqrt{3}}{2}BE=\sqrt{3}.$$

所以 $S_{\triangle EDB}=\dfrac{1}{2}DE\cdot BD=\dfrac{\sqrt{3}}{2}$. 四边形 ADEC 的面积为

$$S_{四边形ADEC}=S_{\triangle ABC}-S_{\triangle EDB}=\frac{9\sqrt{3}}{4}-\frac{\sqrt{3}}{2}=\frac{7}{4}\sqrt{3}.$$

3. (D)

【解析】设半圆的半径为 r，则梯形高 $h=r$，上底=2r，下底=$2r+2\cdot\dfrac{r}{\sqrt{3}}=2r\left(1+\dfrac{1}{\sqrt{3}}\right)$. 因为 $\dfrac{1}{2}\pi r^2=2$，所以 $r^2=\dfrac{4}{\pi}$. 故梯形面积 $S=\dfrac{1}{2}r\left[2r+2r\left(1+\dfrac{1}{\sqrt{3}}\right)\right]=\left(2+\dfrac{1}{\sqrt{3}}\right)r^2=\left(2+\dfrac{1}{\sqrt{3}}\right)\dfrac{4}{\pi}$.

4. (D)

【解析】面积Ⅰ比面积Ⅱ大 7，即 $S_Ⅱ=S_Ⅰ-7$，则

$$S_{\triangle ABC}=S_Ⅲ+S_Ⅱ=S_Ⅲ+S_Ⅰ-7=S_{半圆}-7=\frac{\pi}{2}\times\left(\frac{20}{2}\right)^2-7=50\pi-7.$$

5. (C)

【解析】因为 AB=1，C，D 为三等分点，所以 $AC=CD=\dfrac{1}{3}$.

所以上半部分的阴影面积为 $\dfrac{1}{2}\times\pi\times AC^2-\dfrac{1}{2}\times\pi\times\left(\dfrac{1}{2}AC\right)^2=\dfrac{1}{24}\pi$.

故阴影部分的面积为 $2\times\dfrac{1}{24}\pi=\dfrac{1}{12}\pi$.

6.（D）

【解析】条件(1)：由相似三角形的性质可知，周长比等于相似比，面积比等于相似比的平方，

所以 $\dfrac{S_{\triangle ABC}}{S_{\triangle A'B'C'}}=\left(\dfrac{\sqrt{2}}{\sqrt{3}}\right)^2=\dfrac{2}{3}$，条件(1)充分.

条件(2)：$AB=\dfrac{\sqrt{2}}{\sqrt{3}}A'B'$，$AC=\dfrac{\sqrt{2}}{\sqrt{3}}A'C'$，$\sin A=\sin A'$，所以

$$\frac{S_{\triangle ABC}}{S_{\triangle A'B'C'}}=\frac{\dfrac{1}{2}AB\cdot AC\cdot\sin A}{\dfrac{1}{2}A'B'\cdot A'C'\cdot\sin A'}=\frac{\dfrac{\sqrt{2}}{\sqrt{3}}A'B'\cdot\dfrac{\sqrt{2}}{\sqrt{3}}A'C'}{A'B'\cdot A'C'}=\frac{2}{3}.$$

所以，条件(2)也充分.

第2节 空间几何体

1. 长方体

如图 5-32 所示，若长方体的长、宽、高分别为 a，b，c，则

(1)体积 $V=abc$.

(2)表面积 $F=2(ab+ac+bc)$.

(3)体对角线 $d=\sqrt{a^2+b^2+c^2}$.

(4)所有棱长之和 $L=4(a+b+c)$.

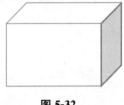

图 5-32

典型例题

例19 长方体所有的棱长之和为 28.

(1)长方体的体对角线长为 $2\sqrt{6}$.

(2)长方体的表面积为 25.

【解析】设长方体长、宽、高分别为 a，b，c，易知条件(1)、条件(2)单独都不能成立，联立两个条件得

$$\begin{cases}a^2+b^2+c^2=(2\sqrt{6})^2=24,\\2(ab+bc+ac)=25\end{cases}\Rightarrow(a+b+c)^2=a^2+b^2+c^2+2(ab+bc+ac)=49,$$

即 $a+b+c=7$，则棱长之和为 $4(a+b+c)=28$，故两个条件联立充分.

【答案】(C)

例20 长方体三个面的面积分别为 6，8，12，则此长方体的体积为(　).

(A)12　　　　　(B)18　　　　　(C)24　　　　　(D)36　　　　　(E)48

【解析】设此长方体的长、宽、高分别为 a，b，c，由已知条件，可得

$$\begin{cases}ab=6,\\ac=8,\\bc=12.\end{cases}\Rightarrow\begin{cases}a=2,\\b=3,\\c=4.\end{cases}$$

所以，此长方体的体积 $V = abc = 24$.

【答案】(C)

2. 圆柱体

如图 5-33 所示，设圆柱体的高为 h，底面半径为 r，则

(1)体积 $V = \pi r^2 h$.

(2)侧面积 $S = 2\pi rh$.

(3)表面积 $F = 2\pi r^2 + 2\pi rh$.

(4)体对角线 $d = \sqrt{4r^2 + h^2}$.

图 5-33

典型例题

例 21 圆柱体的体积与正方体的体积之比为 $\dfrac{4}{\pi}$.

(1)圆柱体的高与正方体的高相同.

(2)圆柱体的侧面积与正方体的侧面积相等.

【解析】设圆柱体的底面半径为 r，高为 h，正方体的边长为 a，则圆柱体的体积与正方体的体积之比为 $\dfrac{V_1}{V_2} = \dfrac{\pi r^2 h}{a^3}$.

条件(1)：$h = a$，$\dfrac{V_1}{V_2} = \dfrac{\pi r^2 h}{a^3} = \dfrac{\pi r^2}{a^2}$，显然不充分.

条件(2)：$2\pi rh = 4a^2$，$\dfrac{V_1}{V_2} = \dfrac{\pi r^2 h}{a^3} = \dfrac{2r}{a}$，显然也不充分.

联立两个条件，可得 $h = a$，$r = \dfrac{2a}{\pi}$，因此，$\dfrac{V_1}{V_2} = \dfrac{\pi r^2 h}{a^3} = \dfrac{\pi \left(\dfrac{2a}{\pi}\right)^2 a}{a^3} = \dfrac{4}{\pi}$，故两个条件联立充分.

【答案】(C)

例 22 一个圆柱体的高减少到原来的 70%，底半径增加到原来的 130%，则它的体积(　　).

(A)不变　　　　　　　　　　　　(B)增加到原来的 121%

(C)增加到原来的 130%　　　　　　(D)增加到原来的 118.3%

(E)减少到原来的 91%

【解析】圆柱的体积 $V = \pi r^2 h$，所以体积的变化率＝高的变化率×底面半径变化率的平方，故体积变化为原来的 $0.7 \times 1.3^2 = 1.183$.

【答案】(D)

例 23 如果圆柱的底面半径为 1，则圆柱侧面展开图的面积为 6π.

(1)高为 3.

(2)高为 4.

【解析】条件(1)：圆柱的侧面积为 $S=2\pi rh=2\pi\cdot 1\times 3=6\pi$，充分．

条件(2)：$S=2\pi\cdot 1\times 4=8\pi$，不充分．

【答案】(A)

3. 球体

如图 5-34 所示，设球的半径是 R，则

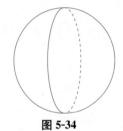

(1)体积 $V=\dfrac{4}{3}\pi R^3$．

(2)表面积 $S=4\pi R^2$．

(3)球的内接正方体的体对角线等于球的直径．

(4)正方体内切球的直径等于正方体的棱长．

图 5-34

典型例题

例 24 如图 5-35 所示，一个储物罐的下半部分是底面直径和高均为20米的圆柱体、上半部分(顶部)是半球体，已知底面与顶部的造价均为400 元/平方米，侧面的造价是 300 元/平方米，则该储物罐的造价是(　　)($\pi\approx 3.14$)．

(A)56.52 万元

(B)62.8 万元

(C)75.36 万元

(D)87.92 万元

(E)100.48 万元

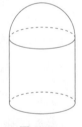

图 5-35

【解析】根据题意，可知半球体的半径等于圆柱体的底面半径，为 10 米．

圆柱体的侧面积$=\pi dh=\pi\times 20\times 20=400\pi$(平方米)．

底面积$=\pi r^2=\pi\times 10^2=100\pi$(平方米)．

顶部半球体的表面积$=\dfrac{1}{2}\times 4\pi r^2=2\pi\times 10^2=200\pi$(平方米)．

故储物罐的造价$=300\times 400\pi+400(100\pi+200\pi)=240\ 000\pi\approx 753\ 600$(元)$=75.36$ 万元．

【答案】(C)

◆ **本节习题自测** ◆

1. 一个圆柱的侧面展开图是正方形，那么它的侧面积是下底面积的(　　)倍．
   (A)2　　　　　(B)4　　　　　(C)4π　　　　　(D)π　　　　　(E)2π

2. 已知圆柱的高为1，它的两个底面的圆周在直径为 2 的同一个球的球面上，则该圆柱的体积为(　　)．
   (A)π　　　(B)$\dfrac{3\pi}{4}$　　　(C)$\dfrac{\pi}{2}$　　　(D)$\dfrac{\pi}{4}$　　　(E)$\dfrac{5\pi}{4}$

3. 圆柱轴截面的周长为 12，则圆柱体积的最大值为(　　).

(A)6π　　　　　　　　(B)8π　　　　　　　　(C)9π

(D)10π　　　　　　　(E)12π

4. 如图 5-36 所示，一个底面半径为 R 的圆柱形量杯中装有适量的水. 若放入一个半径为 r 的实心铁球，水面高度恰好升高 r，则 $\dfrac{R}{r}$ 为(　　).

(A)$\dfrac{2\sqrt{3}}{3}$　　　　　　(B)$\dfrac{4\sqrt{3}}{3}$

(C)$\dfrac{\sqrt{3}}{3}$　　　　　　(D)$\dfrac{5\sqrt{3}}{3}$

(E)$\dfrac{7\sqrt{3}}{3}$

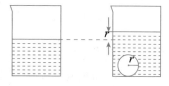

图 5-36

5. 若球的半径为 R，则这个球的内接正方体表面积是 72.

(1)$R=3$.　　　　　　　　(2)$R=\sqrt{3}$.

●习题详解

1. (C)

【解析】设圆柱的高为 h，底面半径为 r，因为圆柱的侧面展开图为正方形，则 $h=2\pi r$，故

$$\frac{S_{侧}}{S_{下底}}=\frac{2\pi\cdot r\cdot h}{\pi\cdot r^2}=4\pi.$$

2. (B)

【解析】设圆柱的底面半径为 r.

根据题意可知，直径为 2 的球即是圆柱的外接球，圆柱的体对角线等于外接球的直径，故 $\sqrt{(2r)^2+1^2}=2$，解得 $r^2=\dfrac{3}{4}$.

圆柱的体积为 $V=\pi r^2 h=\pi\cdot\dfrac{3}{4}\cdot 1=\dfrac{3\pi}{4}$.

3. (B)

【解析】设圆柱的底面半径为 r，高为 h，由于圆柱的轴截面的周长为 12，则 $2r+h=6$，因此圆柱的体积为

$$V=\pi r^2 h=\pi r^2(6-2r)=\pi\cdot r\cdot r\cdot(6-2r)\leqslant \pi\cdot\left(\frac{r+r+6-2r}{3}\right)^3=8\pi.$$

故圆柱体积的最大值为 8π.

4. (A)

【解析】由题意知，量杯中水上升的体积等于铁球的体积，故有 $\pi R^2 r=\dfrac{4}{3}\pi r^3 \Rightarrow \dfrac{R}{r}=\dfrac{2\sqrt{3}}{3}$.

5. (A)

【解析】球的内接正方体的体对角线就是球的直径，已知球的半径为 R，设正方体棱长为 a，则

$2R = \sqrt{a^2 + a^2 + a^2} = \sqrt{3}\,a$，故正方体的棱长为 $\dfrac{2}{\sqrt{3}}R$，表面积为 $6 \times \left(\dfrac{2}{\sqrt{3}}R\right)^2 = 8R^2 = 72 \Rightarrow R = 3$.

故条件(1)充分，条件(2)不充分.

第 **3** 节 平面解析几何

1. 平面直角坐标系

在同一个平面上互相垂直且有公共原点的两条数轴构成平面直角坐标系，简称直角坐标系．如图 5-37 所示．

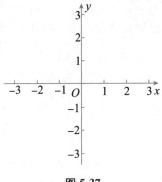

图 5-37

在平面直角坐标系中，每一个点都对应着一个坐标 (a, b)；同样，对任意的一组数 (a, b) 都有一个平面上的点相对应，以 (a, b) 为坐标．

2. 点

(1) 中点坐标

在平面直角坐标系中(如图 5-38 所示)：

如果线段 AB 的端点 A、B 的坐标分别为 $A(x_1, y_1)$、$B(x_2, y_2)$，则其中点 $P(a, b)$ 的坐标为

$$\begin{cases} a = \dfrac{x_1 + x_2}{2}, \\ b = \dfrac{y_1 + y_2}{2}. \end{cases}$$

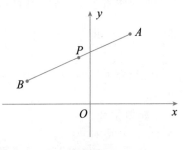

图 5-38

(2) 距离公式

点 $A(x_1, y_1)$ 和点 $B(x_2, y_2)$ 之间的距离为

$$d = \sqrt{(x_1 - x_2)^2 + (y_1 - y_2)^2}.$$

典 型 例 题

例 25 在平面直角坐标系中，已知点 $A(3，1)$，点 $B(3，3)$，则线段 AB 的中点 M 的坐标是(   ).

(A)$(2，3)$ (B)$(3，2)$ (C)$(6，2)$

(D)$(6，4)$ (E)$(4，6)$

【解析】设中点 M 坐标为$(a，b)$，根据中点坐标公式，得

$$\begin{cases} a=\dfrac{x_1+x_2}{2}=\dfrac{3+3}{2}=3, \\ b=\dfrac{y_1+y_2}{2}=\dfrac{1+3}{2}=2. \end{cases}$$

故线段 AB 的中点 M 的坐标为$(3，2)$.

【答案】(B)

例 26 在平面直角坐标系中，已知点 $A(1，2)$，点 $B(2，1)$，则线段 AB 的长度是(   ).

(A)1   (B)2   (C)$\sqrt{2}$ (D)$\sqrt{3}$ (E)3

【解析】根据两点的距离公式，得 $AB=\sqrt{(1-2)^2+(2-1)^2}=\sqrt{2}$.

【答案】(C)

3. 直线

3.1 倾斜角和斜率

(1)倾斜角

一条直线 l 向上的方向与 x 轴的正方向所成的最小正角，叫作这条直线的倾斜角 α，如图 5-39 所示.

特殊地，当直线 l 和 x 轴平行时，倾斜角为 $0°$，故倾斜角的范围为$[0°，180°)$.

(2)斜率

将不垂直于 x 轴的直线的倾斜角的正切值叫作此直线的斜率，常用 k 表示，即 $k=\tan\alpha\left(\alpha\neq\dfrac{\pi}{2}\right)$；垂直于 x 轴的直线没有斜率.

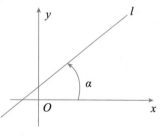

图 5-39

过两点 $P(x_1，y_1)$，$Q(x_2，y_2)$的直线的斜率公式：$k=\dfrac{y_2-y_1}{x_2-x_1}(x_1\neq x_2)$.

典 型 例 题

例 27 已知 a、b、c 是两两不相等的实数，求经过下列两点的直线的斜率和倾斜角 α.

(1)$A(a，c)$，$B(b，c)$；

(2)$C(a，b)$，$D(a，c)$；

(3)$M(b，b+c)$，$N(a，c+a)$.

【解析】(1)$k_{AB}=\dfrac{c-c}{b-a}=0$，$\alpha=0°$；

(2)$k_{CD}=\dfrac{c-b}{a-a}$，分母为0，无意义，故直线CD斜率不存在，$\alpha=90°$；

(3)$k_{MN}=\dfrac{(c+a)-(b+c)}{a-b}=1$，$\alpha=45°$.

【答案】(1)0，$0°$；(2)不存在，$90°$；(3)1，$45°$

例28 已知三点$A(a，2)$，$B(5，1)$，$C(-4，2a)$在同一直线上，则a的值为( ).

(A)2   (B)3   (C)$-\dfrac{7}{2}$ (D)2 或$\dfrac{7}{2}$ (E)2 或$-\dfrac{7}{2}$

【解析】由题可知，$k_{AB}=\dfrac{2-1}{a-5}$，$k_{BC}=\dfrac{2a-1}{-4-5}$，由于$A$，$B$，$C$三点共线，所以$k_{AB}=k_{BC}$，即

$\dfrac{2-1}{a-5}=\dfrac{2a-1}{-4-5}$，解得$a_1=2$，$a_2=\dfrac{7}{2}$.

【答案】(D)

3.2　直线的方程

(1)点斜式：已知直线过点$(x_0，y_0)$，斜率为k，则直线的方程为

$$y-y_0=k(x-x_0).$$

(2)斜截式：已知直线过点$(0，b)$，斜率为k，则直线的方程为

$$y=kx+b，$$

其中，b为直线在y轴上的截距.

(3)两点式：已知直线过$P_1(x_1，y_1)$，$P_2(x_2，y_2)$两点，$x_2\neq x_1$，则直线的方程为

$$\dfrac{y-y_1}{y_2-y_1}=\dfrac{x-x_1}{x_2-x_1}.$$

(4)截距式：已知直线过点$A(a，0)$和$B(0，b)(a\neq0，b\neq0)$，则直线的方程为

$$\dfrac{x}{a}+\dfrac{y}{b}=1，$$

其中，a，b分别为直线l的横截距和纵截距.

(5)一般式：$Ax+By+C=0(A，B$不同时为零)，称此方程为直线的一般式方程.

典型例题

例29 设点$A(7，-4)$，$B(-5，6)$，则线段AB的垂直平分线的方程为( ).

(A)$5x-4y-1=0$

(B)$6x-5y+1=0$

(C)$6x-5y-1=0$

(D)$7x-5y-2=0$

(E)$2x-5y-7=0$

【解析】

方法一：两直线垂直且斜率存在，则它们的斜率之积为 -1.

AB 所在直线的斜率为 $k_1 = \dfrac{6-(-4)}{-5-7} = -\dfrac{5}{6}$，故 AB 的垂直平分线的斜率为 $k_2 = \dfrac{6}{5}$.

AB 的中点坐标为 $x = \dfrac{7+(-5)}{2} = 1$，$y = \dfrac{-4+6}{2} = 1$，即中点为 $(1，1)$ 且在 AB 的垂直平分线上.

根据直线的点斜式方程，可得 AB 的垂直平分线为 $y-1 = \dfrac{6}{5}(x-1)$，即 $6x-5y-1=0$.

方法二：线段垂直平分线上的点，到线段两端的距离相等.

设点 $P(x，y)$ 为 AB 的垂直平分线上任意一点，则 $PA = PB$，即
$$(x-7)^2 + (y+4)^2 = (x+5)^2 + (y-6)^2，$$
解得 $6x-5y-1=0$.

【答案】（C）

4. 点与直线的位置关系

4.1 点在直线上
若点 $(x_0，y_0)$ 的坐标满足直线 $Ax+By+C=0$ 的方程，则有 $Ax_0+By_0+C=0$.

4.2 点不在直线上
若直线 l 的方程为 $Ax+By+C=0$，点 $(x_0，y_0)$ 到 l 的距离为
$$d = \dfrac{|Ax_0+By_0+C|}{\sqrt{A^2+B^2}}.$$

4.3 两点关于直线对称
已知直线 $l：Ax+By+C=0$，求点 $P_1(x_1，y_1)$ 关于直线 l 的对称点 $P_2(x_2，y_2)$. 有两个关系：线段 P_1P_2 的中点在对称轴 l 上；P_1P_2 与直线 l 互相垂直，可得方程组
$$\begin{cases} A\left(\dfrac{x_1+x_2}{2}\right) + B\left(\dfrac{y_1+y_2}{2}\right) + C = 0， \\ \dfrac{y_1-y_2}{x_1-x_2} = \dfrac{B}{A}， \end{cases}$$
即可求得点 P_1 关于 l 对称的点 P_2 的坐标 $(x_2，y_2)$（其中 $A \neq 0$，$x_1 \neq x_2$）.

典型例题

例 30　已知点 $C(2，-3)$，$M(1，2)$，$N(-1，-5)$，则点 C 到直线 MN 的距离等于（　　）.

(A) $\dfrac{17\sqrt{53}}{53}$ 　　　　　(B) $\dfrac{17\sqrt{55}}{55}$ 　　　　　(C) $\dfrac{19\sqrt{53}}{53}$

(D) $\dfrac{18\sqrt{53}}{53}$ 　　　　　(E) $\dfrac{19\sqrt{55}}{55}$

【解析】 利用直线的两点式方程，可得 $\dfrac{y+5}{2+5} = \dfrac{x+1}{1+1}$，整理得 $7x-2y-3=0$.

故点 C 到直线 MN 的距离为 $\dfrac{|2\times 7+2\times 3-3|}{\sqrt{7^2+(-2)^2}}=\dfrac{17}{\sqrt{53}}=\dfrac{17\sqrt{53}}{53}$.

【答案】(A)

例 31 点 $P(-3，-1)$ 关于直线 $3x+4y-12=0$ 的对称点 P' 是(   ).

(A)$(2，8)$ (B)$(1，3)$ (C)$(8，2)$

(D)$(3，7)$ (E)$(7，3)$

【解析】设 P' 为 $(x_0，y_0)$，根据点关于直线对称的条件，有

$$\begin{cases} 3\cdot\dfrac{x_0-3}{2}+4\cdot\dfrac{y_0-1}{2}-12=0, \\ \dfrac{y_0+1}{x_0+3}\cdot\left(-\dfrac{3}{4}\right)=-1, \end{cases}$$

解得 $\begin{cases} x_0=3, \\ y_0=7, \end{cases}$ 故 P' 坐标为 $(3，7)$.

【答案】(D)

5. 直线与直线的位置关系

5.1 平行

(1)斜截式：若两条直线的方程分别为 $l_1:y=k_1x+b_1$，$l_2:y=k_2x+b_2$，则

$$l_1//l_2\Leftrightarrow k_1=k_2，b_1\neq b_2.$$

(2)一般式：若两条直线的方程分别为 $l_1:A_1x+B_1y+C_1=0$，$l_2:A_2x+B_2y+C_2=0$，则

$$l_1//l_2\Leftrightarrow\frac{A_1}{A_2}=\frac{B_1}{B_2}\neq\frac{C_1}{C_2}.$$

(3)两平行直线之间的距离

若两条平行直线的方程分别为 $l_1:Ax+By+C_1=0$，$l_2:Ax+By+C_2=0$，那么 l_1 与 l_2 之间的距离为

$$d=\frac{|C_1-C_2|}{\sqrt{A^2+B^2}}.$$

5.2 相交

(1)相交与交点

设两条直线的方程为 $l_1:A_1x+B_1y+C_1=0$，$l_2:A_2x+B_2y+C_2=0$，如果 $A_1B_2-A_2B_1\neq 0$ 或 $\dfrac{A_1}{A_2}\neq\dfrac{B_1}{B_2}$，则直线 l_1 与 l_2 相交.

方程组 $\begin{cases} A_1x+B_1y+C_1=0, \\ A_2x+B_2y+C_2=0 \end{cases}$ 有唯一的一组解，这组解即为两直线交点的坐标.

(2)夹角公式

若两条直线 $l_1:y=k_1x+b_1$ 与 $l_2:y=k_2x+b_2$，且两条直线不是互相垂直的，则两条直线

的夹角 α 满足如下关系

$$\tan\alpha=\left|\frac{k_1-k_2}{1+k_1k_2}\right|.$$

5.3 垂直

若两条直线互相垂直，有如下两种情况：

(1)其中一条直线的斜率为 0，另外一条直线的斜率不存在，即一条直线平行于 x 轴，另一条直线平行于 y 轴；

(2)两条直线的斜率都存在，则斜率的乘积等于 -1。

以上两种情况可以用下述结论代替：

若两条直线 l_1：$A_1x+B_1y+C_1=0$，l_2：$A_2x+B_2y+C_2=0$ 互相垂直，则 $A_1A_2+B_1B_2=0$。

典型例题

例 32 在 y 轴的截距为 -3，且与直线 $2x+y+3=0$ 垂直的直线的方程是（   ）．

(A)$x-2y-6=0$

(B)$2x-y+3=0$

(C)$x-2y+3=0$

(D)$x+2y+6=0$

(E)$x-2y-3=0$

【解析】与直线 $2x+y+3=0$ 垂直的直线的斜率为 $\dfrac{1}{2}$，故设此直线为 $y=\dfrac{1}{2}x+b$，此直线在 y 轴的截距为 -3，故 $b=-3$．

所以，直线方程为 $y=\dfrac{1}{2}x-3$，即 $x-2y-6=0$．

【答案】(A)

例 33 已知直线 l_1：$ax+2y+6=0$ 与 l_2：$x+(a-1)y+a^2-1=0$ 平行，则实数 a 的取值是（   ）．

(A)-1 或 2 (B)0 或 1 (C)-1

(D)2 (E)-2

【解析】两条直线平行，则斜率相等且截距不相等，故有

$$\begin{cases}-\dfrac{a}{2}=-\dfrac{1}{a-1},\\[2mm]-3\neq-\dfrac{a^2-1}{a-1},\end{cases}$$

解得 $a=-1$．

【答案】(C)

6. 圆

6.1 定义

圆是平面内到定点的距离等于定长的点的集合.

6.2 圆的方程

(1)圆的标准方程

$$(x-a)^2+(y-b)^2=r^2,$$

其中，圆心为$(a，b)$，半径为r.

(2)圆的一般方程

整理方程 $x^2+y^2+Dx+Ey+F=0$，得 $\left(x+\dfrac{D}{2}\right)^2+\left(y+\dfrac{E}{2}\right)^2=\left(\dfrac{\sqrt{D^2+E^2-4F}}{2}\right)^2$.

①当 $D^2+E^2-4F>0$ 时，方程表示一个圆，其圆心为 $\left(-\dfrac{D}{2}，-\dfrac{E}{2}\right)$，半径为 $\dfrac{\sqrt{D^2+E^2-4F}}{2}$；

②当 $D^2+E^2-4F=0$ 时，方程表示一个点 $\left(-\dfrac{D}{2}，-\dfrac{E}{2}\right)$；

③当 $D^2+E^2-4F<0$ 时，方程无意义.

此时，方程 $x^2+y^2+Dx+Ey+F=0$(其中 $D^2+E^2-4F>0$)叫圆的一般方程.

典型例题

例34 如果圆 $(x-a)^2+(y-b)^2=1$ 的圆心在第二象限，那么直线 $ax+by+1=0$ 不过
( ).

(A)第一象限   (B)第二象限   (C)第三象限

(D)第四象限   (E)以上选项均不正确

【解析】已知圆心坐标为$(a，b)$，因为圆心在第二象限，故 $a<0，b>0$.

直线方程可化为 $y=-\dfrac{a}{b}x-\dfrac{1}{b}$，故斜率 $-\dfrac{a}{b}>0$，纵截距 $-\dfrac{1}{b}<0$.

故直线过一、三、四象限，不过第二象限.

【答案】(B)

例35 动点$(x，y)$的轨迹是圆.

(1)$|x-1|+|y|=4$.

(2)$3(x^2+y^2)+6x-9y+1=0$.

【解析】条件(1)：从方程表示的几何意义来看，显然不是圆，故条件(1)不充分.

条件(2)：整理方程，可得 $x^2+y^2+2x-3y+\dfrac{1}{3}=0$，其中 $D^2+E^2-4F=2^2+(-3)^2-4\times$

$\dfrac{1}{3}=\dfrac{35}{3}>0$，动点$(x，y)$的轨迹是圆，故条件(2)充分.

【答案】(B)

7. 点、直线与圆的位置关系

7.1 点与圆的位置关系

设点 $P(x_0，y_0)$，圆：$(x-a)^2+(y-b)^2=r^2$.

(1)点在圆内：$(x_0-a)^2+(y_0-b)^2<r^2$.

(2)点在圆上：$(x_0-a)^2+(y_0-b)^2=r^2$.

(3)点在圆外：$(x_0-a)^2+(y_0-b)^2>r^2$.

典型例题

例36 若点$(a，2a)$在圆$(x-1)^2+(y-1)^2=1$的内部，则实数 a 的取值范围是(   ).

(A)$\dfrac{1}{5}<a<1$ 　　　　　　　　(B)$a>1$ 或 $a<\dfrac{1}{5}$

(C)$\dfrac{1}{5}\leqslant a\leqslant 1$ 　　　　　　　　(D)$a\geqslant 1$ 或 $a\leqslant\dfrac{1}{5}$

(E)以上选项均不正确

【解析】点在圆的内部，故$(a-1)^2+(2a-1)^2<1$，整理得 $5a^2-6a+1<0$，解得 $\dfrac{1}{5}<a<1$.

【答案】(A)

7.2 直线与圆的位置关系

直线 l：$Ax+By+C=0$，圆 O：$(x-a)^2+(y-b)^2=r^2$，d 为圆心$(a，b)$到直线 l 的距离.

直线与圆位置关系	图形	成立条件（几何表示）	成立条件（代数式表示）
相离		$d>r$	方程组 $\begin{cases} Ax+By+C=0, \\ (x-a)^2+(y-b)^2=r^2 \end{cases}$ 无实根，即 $\Delta<0$
相切		$d=r$	方程组 $\begin{cases} Ax+By+C=0, \\ (x-a)^2+(y-b)^2=r^2 \end{cases}$ 有两个相等的实根，即 $\Delta=0$
相交		$d<r$	方程组 $\begin{cases} Ax+By+C=0, \\ (x-a)^2+(y-b)^2=r^2 \end{cases}$ 有两个不等的实根，即 $\Delta>0$ 交点弦长公式：$2MN=2\sqrt{r^2-d^2}$

典型例题

例 37 直线 $y=x+2$ 与圆 $(x-a)^2+(y-b)^2=2$ 相切.

(1) $a=b$.

(2) $b-a=4$.

【解析】若直线与圆相切，则圆心到直线的距离 $d=\dfrac{|a-b+2|}{\sqrt{1+1}}=\sqrt{2}$，整理得 $|a-b+2|=2$.

将条件(1)和条件(2)代入上式，可知两个条件都充分.

【答案】(D)

例 38 直线 $x-y+1=0$ 被圆 $(x-a)^2+(y-1)^2=4$ 截得的弦长为 $2\sqrt{3}$，则 a 为(   ).

(A) $\sqrt{2}$ (B) $-\sqrt{2}$ (C) $\pm\sqrt{2}$

(D) $\pm\sqrt{3}$ (E) $\sqrt{3}$

【解析】圆心为 $(a,1)$，圆心到直线的距离 $d=\dfrac{|a-1+1|}{\sqrt{2}}=\dfrac{|a|}{\sqrt{2}}$.

由交点弦长公式，可知 $2\sqrt{3}=2\sqrt{r^2-d^2}=2\sqrt{4-\dfrac{a^2}{2}}$，解得 $a=\pm\sqrt{2}$.

【答案】(C)

8. 圆与圆的位置关系

设圆 O_1：$(x-a_1)^2+(y-b_1)^2=r_1^2$；圆 O_2：$(x-a_2)^2+(y-b_2)^2=r_2^2$.

d 为圆心 (a_1,b_1) 与 (a_2,b_2) 之间的距离，则有下表所示关系：

两圆位置关系	图形	成立条件（几何表示）	公共内切线条数	公共外切线条数
外离		$d>r_1+r_2$	2	2
外切		$d=r_1+r_2$	1	2
相交		$|r_1-r_2|<d<r_1+r_2$	0	2

续表

两圆 位置关系	图形	成立条件 （几何表示）	公共内切线 条数	公共外切线 条数
内切	$O_2 \cdot \ \cdot O_1$	$d=\lvert r_1-r_2\rvert$	0	1
内含	$O_1 \cdot \ \cdot O_2$	$d<\lvert r_1-r_2\rvert$	0	0

典型例题

例39 圆 $(x+2)^2+y^2=4$ 与圆 $(x-2)^2+(y-1)^2=9$ 的位置关系为（ ）.

(A)内切   (B)相交   (C)外切   (D)相离   (E)内含

【解析】两圆的圆心分别为 $(-2, 0)$，$(2, 1)$，半径分别为 $r_1=2$，$r_2=3$.

两圆的圆心距离为 $\sqrt{(-2-2)^2+(0-1)^2}=\sqrt{17}$，则 $\lvert r_1-r_2\rvert<\sqrt{17}<r_1+r_2$，故两圆相交.

【答案】(B)

例40 两个圆 C_1：$x^2+y^2+2x+2y-2=0$ 与 C_2：$x^2+y^2-4x-2y+1=0$ 的公切线有且仅有（ ）.

(A)1条   (B)2条   (C)3条   (D)4条   (E)5条

【解析】两圆的圆心分别是 $(-1, -1)$，$(2, 1)$，半径 $r_1=2$，$r_2=2$.

两圆的圆心距离为 $\lvert r_1-r_2\rvert<\sqrt{(-1-2)^2+(-1-1)^2}=\sqrt{13}<r_1+r_2$，故两圆相交，公切线有 2 条.

【答案】(B)

● 本节习题自测 ●

1. 如果直线 $(a+2)x+(1-a)y-3=0$ 和直线 $(a-1)x+(2a+3)y+2=0$ 互相垂直，则 $a=$（ ）.

(A)2   (B)-1 (C)1   (D)±2 (E)±1

2. 已知圆 $(x-3)^2+(y+4)^2=4$ 和直线 $y=-2x$ 交于 P、Q 两点，O 为原点，则 $\dfrac{OP}{OQ}$ 的值为（ ）.

(A)$\dfrac{7}{5}$ (B)$\dfrac{7}{15}$ (C)2   (D)1   (E)$\dfrac{15}{7}$ 或 $\dfrac{7}{15}$

3. 过原点作圆 $x^2+y^2-12y+27=0$ 的切线，则该圆夹在两条切线间的劣弧长为(　　).

(A)π　　　　(B)2π　　　　(C)3π　　　　(D)4π　　　　(E)6π

4. 已知直线 $ax+by+c=0$ 不经过第一象限，且 $ab\neq0$，则有(　　).

(A)$c<0$　　　(B)$c>0$　　　(C)$ac\geq0$　　　(D)$ac>0$　　　(E)$bc>0$

5. 直线 l 过点 $M(-1，2)$ 且与以 $P(-2，-3)$，$Q(4，0)$ 为端点的线段相交，则 l 的斜率范围为(　　).

(A)$\left[-\dfrac{2}{3}，5\right]$　　　　　　　　　　(B)$\left[-\dfrac{2}{5}，0\right)\bigcup(0，5]$

(C)$\left(-\infty，-\dfrac{2}{5}\right]\bigcup[5，+\infty)$　　　　　(D)$\left[-\dfrac{2}{5}，\dfrac{\pi}{2}\right)\bigcup\left(\dfrac{\pi}{2}，5\right]$

(E)以上选项均不正确

6. 点 A 在圆 $(x+1)^2+(y-4)^2=13$ 上，并且过点 A 的切线的斜率为 $\dfrac{2}{3}$.

(1)A 点的坐标为$(1，1)$.　　　　　　(2)A 点的坐标为$(-3，1)$.

7. $a\leq5$ 成立.

(1)点 $A(a，6)$ 到直线 $3x-4y=2$ 的距离大于 4.

(2)两平行直线 $l_1:x-y-a=0$，$l_2:x-y-3=0$ 之间的距离小于 $\sqrt{2}$.

8. 圆 C_1 和圆 C_2 相交.

(1)圆 C_1 的半径为 2，圆 C_2 的半径为 3.

(2)圆 C_1 和圆 C_2 的圆心距 d 满足 $d^2-6d+5<0$.

●习题详解

1.（E）

【解析】已知直线 $A_1x+B_1y+C_1=0$ 与直线 $A_2x+B_2y+C_2=0$ 互相垂直，则有 $A_1A_2+B_1B_2=0$. 故在本题中，有 $(a+2)(a-1)+(1-a)(2a+3)=0$，解得 $a^2=1$，所以，$a=\pm1$.

2.（E）

【解析】根据题意画图，如图 5-40 所示，圆与直线交于 P、Q 两点，由 P、Q 两点向 y 轴作垂线.

$\triangle OAP$ 与 $\triangle OBQ$ 相似，故 $\dfrac{OP}{OQ}=\dfrac{AP}{BQ}$，即为 P、Q 两点的横坐标之比.

将 $y=-2x$ 上的点$(x，-2x)$代入圆的方程可得$(x-3)^2+(-2x+4)^2=4$，化简整理得 $5x^2-22x+21=0$，即 $(x-3)(5x-7)=0$，解得 $x_1=3$，

$x_2=\dfrac{7}{5}$. 显然这两个根为圆和直线交点的横坐标，即 $AP=\dfrac{7}{5}$，$BQ=3$，

故 $\dfrac{OP}{OQ}=\dfrac{AP}{BQ}=\dfrac{7}{5}\times\dfrac{1}{3}=\dfrac{7}{15}$.

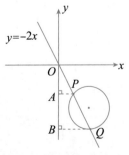

图 5-40

若图 5-40 中的 P，Q 两点互换位置，则可得 $\dfrac{OP}{OQ}=\dfrac{15}{7}$，故本题选(E).

3.（B）

【解析】方法一：圆的方程可化为 $x^2+(y-6)^2=3^2$. 如图 5-41 所示，过原点作圆的切线，可知圆心到切线的距离为 3，圆心到原点的距离为 6，故过原点的两条切线的夹角为 $\frac{\pi}{3}$，劣弧所对的圆心角为 $\frac{2\pi}{3}$，劣弧长为

$l=\frac{2\pi}{3}r=2\pi$.

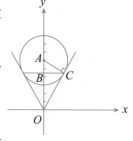

图 5-41

方法二：由圆的切线的方程可知，当点 P 在圆外时，过点 P 作圆的两条切线所形成的两个切点所在的直线的方程为

$$(x-a)(x_0-a)+(y-b)(y_0-b)=r^2.$$

P 在本题中为原点，代入原点 $(0,0)$，则两个切点所在的直线方程为 $y=4.5$. 如图 5-41 所示，已知 $BO=4.5$，则 $AB=1.5$，又因为 $AC=3$，易知劣弧对应的圆心角为 $\frac{2\pi}{3}$，所对应的劣弧长为 $l=\frac{2\pi}{3}r=2\pi$.

4.（C）

【解析】直线不过第一象限，则该直线的斜率 $-\frac{a}{b}<0$，即 $ab>0$.

该直线在 y 轴上的截距 $-\frac{c}{b}\leqslant 0$，即 $\frac{c}{b}\geqslant 0$. 所以 $c=0$ 或 c 与 b 同号.

又因为 a 与 b 同号，所以 c 与 a 同号或 $c=0$，即 $ac\geqslant 0$.

5.（C）

【解析】MP 的斜率为 $\frac{2-(-3)}{-1-(-2)}=5$，MQ 的斜率为 $\frac{2-0}{-1-4}=-\frac{2}{5}$.

由图 5-42 可知，所求直线 l 斜率的范围为 $\left(-\infty,-\frac{2}{5}\right]\cup[5,+\infty)$.

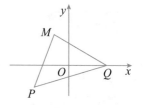

图 5-42

6.（A）

【解析】设点 A 为圆上一点，圆的圆心为 C，连接 AC，则 AC 与过点 A 的切线互相垂直.

若直线 AC 的斜率存在，则直线 AC 的斜率与过点 A 的切线的斜率乘积为 -1.

条件（1）：将点 $A(1,1)$ 代入圆的方程 $(x+1)^2+(y-4)^2=13$，等式成立，所以点 A 是圆上一点.

$k_{AC}=\frac{4-1}{-1-1}=-\frac{3}{2}$，故过点 A 的切线的斜率为 $\frac{2}{3}$，条件（1）充分.

条件（2）：将 $A(-3,1)$ 代入圆的方程 $(x+1)^2+(y-4)^2=13$，等式成立，所以点 A 是圆上一点.

$k_{AC}=\frac{4-1}{-1-(-3)}=\frac{3}{2}$，故过点 A 的切线的斜率为 $-\frac{2}{3}$，条件（2）不充分.

7.（B）

【解析】条件(1)：直线方程可化为 $3x-4y-2=0$，由点到直线的距离公式，可得

$$\frac{|3a-4\times6-2|}{\sqrt{3^2+(-4)^2}}=\frac{|3a-26|}{5}>4,$$

解得 $a<2$ 或 $a>\frac{46}{3}$，所以条件(1)不充分.

条件(2)：根据两平行线间的距离公式，可得 $\frac{|-a+3|}{\sqrt{2}}<\sqrt{2}$.

解得 $1<a<5$，可以推出 $a\leqslant5$，所以条件(2)充分.

8.（C）

【解析】两个条件单独显然不充分，故联立.

根据条件(2)，解不等式 $d^2-6d+5<0$，得 $1<d<5$.

由条件(1)得，半径之和为 5，半径之差为 1.

两个条件联立可知，半径之差的绝对值<圆心距<半径之和，满足两圆相交的条件，因此两个条件联立起来充分.

第6章 数据分析

本章考点大纲原文

1. 计数原理

(1)加法原理、乘法原理

(2)排列与排列数

(3)组合与组合数

2. 数据描述

数据的图表表示(直方图,饼图,数表)

3. 概率

(1)事件及其简单运算

(2)加法公式

(3)乘法公式

(4)古典概型

(5)伯努利概型

听本章课程

本章知识架构

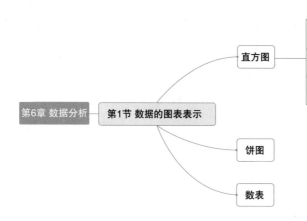

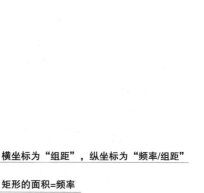

横坐标为"组距",纵坐标为"频率/组距"

矩形的面积=频率

所有频率之和为1

频数=数据总数×频率

直方图

第6章 数据分析 ── 第1节 数据的图表表示

饼图

数表

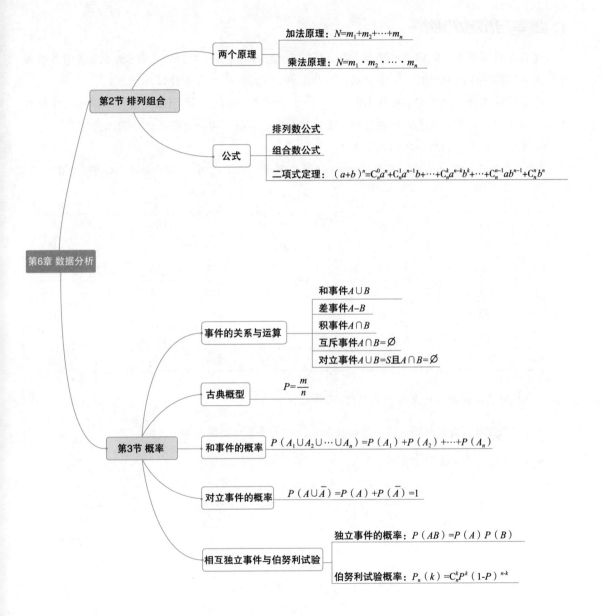

两个原理

加法原理：$N=m_1+m_2+\cdots+m_n$

乘法原理：$N=m_1 \cdot m_2 \cdot \cdots \cdot m_n$

第2节 排列组合

公式

排列数公式

组合数公式

二项式定理：$(a+b)^n=C_n^0 a^n+C_n^1 a^{n-1}b+\cdots+C_n^k a^{n-k}b^k+\cdots+C_n^{n-1}ab^{n-1}+C_n^n b^n$

第6章 数据分析

事件的关系与运算

和事件$A \cup B$

差事件$A-B$

积事件$A \cap B$

互斥事件$A \cap B=\varnothing$

对立事件$A \cup B=S$且$A \cap B=\varnothing$

古典概型

$P=\dfrac{m}{n}$

第3节 概率

和事件的概率

$P(A_1 \cup A_2 \cup \cdots \cup A_n)=P(A_1)+P(A_2)+\cdots+P(A_n)$

对立事件的概率

$P(A \cup \bar{A})=P(A)+P(\bar{A})=1$

相互独立事件与伯努利试验

独立事件的概率：$P(AB)=P(A)P(B)$

伯努利试验概率：$P_n(k)=C_n^k P^k(1-P)^{n-k}$

第 **1** 节 数据的图表表示

1. 频率分布直方图

在直角坐标系中，横轴表示样本组距，纵轴表示频率与组距的比值，将频率分布表中各组频率的大小用相应矩形面积的大小来表示，由此画成的统计图叫作频率分布直方图.

把全体样本分成的组的个数称为组数.每一组两个端点的差称为组距.落在不同小组中的数据个数为该组的频数.各组的频数之和等于这组数据的总数.频数与数据总数的比为频率.

频率分布直方图的画法举例如下：

【例】某年级有 70 名女生，其身高数据如表 6-1 所示(单位：厘米)，请画出频率分布直方图.

表 6-1

167	154	159	166	169	159	156	166	162	158
159	156	166	160	164	160	157	156	157	161
160	156	166	160	164	160	157	156	157	161
158	158	153	158	164	158	163	158	153	157
162	162	159	154	165	166	157	151	147	151
158	160	165	158	163	163	162	161	154	165
162	162	159	157	159	149	164	168	159	153

(1)求极差：极差＝最大值－最小值＝169－147＝22.

(2)确定组数：可设组距为 3，则组数＝$\dfrac{极差}{组距}＝\dfrac{22}{3}＝7\dfrac{1}{3}$⇒组数为 8.

(3)确定分组，如表 6-2 所示.

表 6-2

(146，149]	(149，152]	(152，155]	(155，158]
(158，161]	(161，164]	(164，167]	(167，170]

(4)列频率分布表，如表 6-3 所示.

表 6-3

分组	频数	频率	频率/组距
(146，149]	2	0.028 571	0.009 524
(149，152]	2	0.028 571	0.009 524
(152，155]	6	0.085 714	0.028 571
(155，158]	20	0.285 714	0.095 238
(158，161]	16	0.228 571	0.076 190

续表

分组	频数	频率	频率/组距
(161，164]	13	0.185 714	0.061 905
(164，167]	9	0.128 571	0.042 857
(167，170]	2	0.028 571	0.009 524

(5)绘制频率分布直方图，如图 6-1 所示.

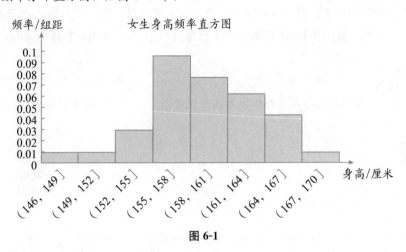

图 6-1

【注意】频率直方图的画法不要求掌握，学会以下内容即可：

(1)横坐标为"组距"，纵坐标一般为"频率/组距".

(2)矩形的面积＝频率.

(3)所有频率之和＝1.

(4)频数＝数据总数×频率.

(5)众数：一组样本中，出现次数最多的那个数称为众数.

(6)中位数：一组样本，按大小顺序排列后，最中间的那个数(或者最中间两个数的平均数)称为中位数.

典型例题

 某工厂对一批产品进行了抽样检测. 图 6-2 是根据抽样检测后的产品净重(单位：克)数据绘制的频率分布直方图，其中产品净重的范围是 $[96，106]$，样本数据分组为 $[96，98)$，$[98，100)$，$[100，102)$，$[102，104)$，$[104，106]$，已知样本中产品净重小于 100 克的个数是 36，则样本中净重大于或等于 98 克并且小于 104 克的产品的个数是(   ).

(A)90   (B)75   (C)60   (D)45   (E)30

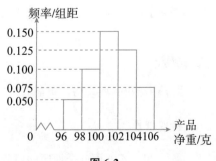

图 6-2

【解析】产品净重小于 100 克的频率为 $2 \times 0.050 + 2 \times 0.100 = 0.3$.

频数 ＝ 频率 × 数据总数，所以数据总数 ＝ 频数/频率 ＝ $\dfrac{36}{0.3} = 120$.

所以 [98, 104) 的频数 ＝ 数据总数 × 频率 ＝ $120 \times 2 \times (0.100 + 0.150 + 0.125) = 90$.

【答案】(A)

2. 饼图

饼图是一个划分为几个扇形区域的圆形图表，用于描述量、频率或百分比之间的相对关系．在饼图中，每个扇形区域的弧长（或者圆心角或者面积）大小为其所表示数量的比例．

典型例题

例2 某校一共有 500 人，其中各年级人数占比如图 6-3 所示，可知三年级有（ ）人．

(A) 80

(B) 90

(C) 100

(D) 120

(E) 140

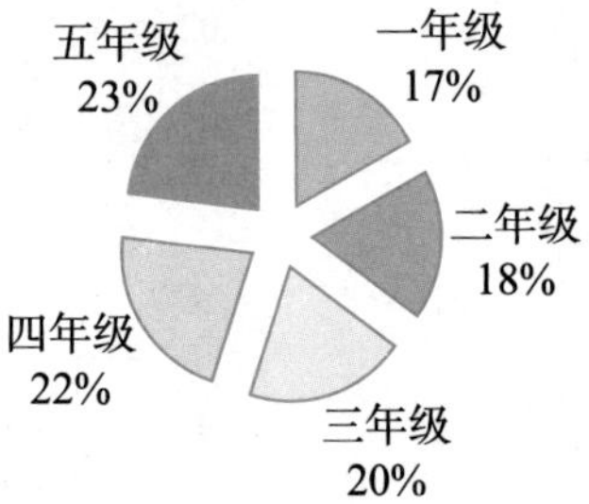

【解析】根据图 6-3 可知，三年级人数占总人数的 20%，所以三年级的人数为 $500 \times 20\% = 100$（人）.

【答案】(C)

图 6-3

例3 某单位 200 名职工的年龄分布情况如图 6-4 所示，那么，40 岁以上的职工一共有（ ）名．

(A) 100　　　　　　(B) 40

(C) 60　　　　　　(D) 160

(E) 140

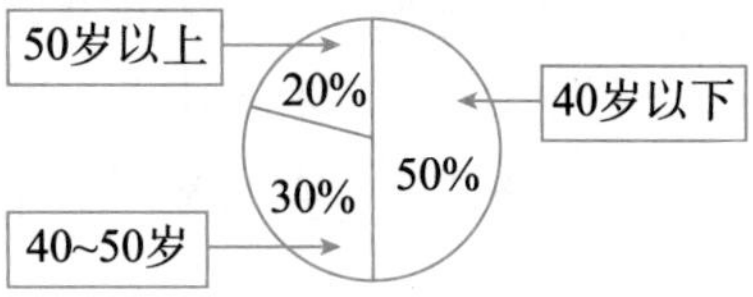

【解析】由图可知，40 岁以上的职工包括 40~50 岁和 50 岁以上的，其占总人数的比例为 50%. 所以，40 岁以上职工一共有 $200 \times 50\% = 100$（名）.

【答案】(A)

图 6-4

3. 数表

题干中给出一些表格，里面有一些已知数据，要求分析一些其他数据．

典型例题

例4 甲、乙、丙三个地区的公务员参加一次测评，其人数和考分情况如表 6-4 所示．

表 6-4

考分情况	6	7	8	9
甲	10	10	10	10
乙	15	15	10	20
丙	10	10	15	15

三个地区按平均分由高到低的排名顺序为( ).

(A)乙、丙、甲

(B)乙、甲、丙

(C)甲、丙、乙

(D)丙、甲、乙

(E)丙、乙、甲

【解析】甲地区的平均分为 $\dfrac{6\times10+7\times10+8\times10+9\times10}{40}=7.5$(分);

乙地区的平均分为 $\dfrac{6\times15+7\times15+8\times10+9\times20}{60}=7.58$(分);

丙地区的平均分为 $\dfrac{6\times10+7\times10+8\times15+9\times15}{50}=7.7$(分).

故三个地区按平均分由高到低的排名顺序为丙、乙、甲.

【答案】(E)

 本节习题自测

1. 2 000 辆汽车通过某一段公路时的时速的频率分布直方图如图 6-5 所示,时速在 $[50,60)$ 的汽车有( ).

(A)30 辆

(B)60 辆

(C)300 辆

(D)600 辆

(E)500 辆

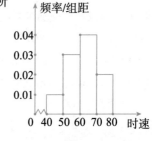

图 6-5

2. 从某小学随机抽取 100 名同学,将他们的身高(单位:厘米)数据绘制成频率分布直方图,如图 6-6 所示,则身高在 $[120,140]$ 内的学生有( )名.

(A)30   (B)40

(C)50   (D)55

(E)60

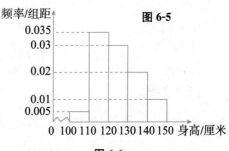

图 6-6

◦习题详解

1.（D）

【解析】时速在$[50，60)$的汽车的频率$=10×0.03=0.3$，频数$=$频率$×$数据总数$=0.3×2\ 000=600$. 所以，时速在$[50，60)$的汽车有 600 辆.

2.（C）

【解析】设身高在$[120，140]$内的学生有 m 名，可得 $m=(10×0.03+10×0.02)×100=50$（名）.

第**2**节 排列组合

Ⅰ. 加法原理与乘法原理

1.1 加法原理

如果完成一件事有 n 类办法，只要选择其中一类办法中的任何一种方法，就可以完成这件事，若第一类办法中有 m_1 种不同的方法，第二类办法中有 m_2 种不同的方法，……，第 n 类办法中有 m_n 种不同的方法，那么完成这件事共有 $N=m_1+m_2+\cdots+m_n$ 种不同的方法.

1.2 乘法原理

如果完成一件事，必须依次连续地完成 n 个步骤，这件事才能完成，若完成第一个步骤有 m_1 种不同的方法，完成第二个步骤有 m_2 种不同的方法，……，完成第 n 个步骤有 m_n 种不同的方法，那么完成这件事共有 $N=m_1\cdot m_2\cdot\cdots\cdot m_n$ 种不同的方法.

典型例题

例 5 某人要选择一辆交通工具由济南出发去北京，已知他有 5 辆汽车、3 辆摩托车、4 辆三蹦子，则他选择交通工具的方法有（　　）种.

（A）8　　　　（B）60　　　　（C）19　　　　（D）12　　　　（E）以上选项均不正确

【解析】*加法原理*. 他从济南到北京一共有三类办法，即从汽车、摩托车、三蹦子其中一类中任选一辆，就可以完成这件事. 由加法原理可得，一共有 $5+3+4=12$（种）方法.

【答案】（D）

例 6 有 5 人报名参加 3 项不同的培训，每人都只报一项，则不同的报法有（　　）.

（A）243 种　　　　　　　　（B）125 种　　　　　　　　（C）81 种

（D）60 种　　　　　　　　（E）以上选项均不正确

【解析】*乘法原理*. 每个人都有 3 种选择，所以不同的报法有 $3^5=243$（种）.

【答案】（A）

例 7 3 个人争夺 4 项比赛的冠军，没有并列冠军，则不同的夺冠可能有（　　）种.

（A）4^3　　　　　　　　（B）3^4　　　　　　　　（C）$4×3$

(D)2×3 (E)以上选项均不正确

【解析】每个冠军都有 3 个人可选,故不同的夺冠可能有 3^4 种.

【易错点】如果人去选冠军,可能会有 2 个人都想当某个项目的冠军,与题干没有并列冠军相矛盾,故必须是冠军去选人.

【答案】(B)

> 住店问题:
>
> n 个不同的人(不能重复使用元素),住进 m 个店(可以重复使用元素),那么第 1 个,第 2 个,……,第 n 个人都有 m 种选择,则总共有 m^n 种不同的住店方法.

例 8 从 5 名男医生、4 名女医生中选 2 名医生组成一个医疗小分队,要求其中男、女医生都有,则不同的组队方案共有( )种.

(A)20 (B)30 (C)40 (D)10 (E)60

【解析】第 1 步:从 5 名男医生中任选 1 名,共 5 种方法.

第 2 步:从 4 名女医生中任选 1 名,共 4 种方法.

根据乘法原理,共有 $5 \times 4 = 20$(种).故不同的组队方案共有 20 种.

【答案】(A)

例 9 某公司员工义务献血,在体检合格的人中,O 型血的有 10 人,A 型血的有 5 人,B 型血的有 8 人,AB 型血的有 3 人.若从四种血型的人中各选 1 人去献血,则不同的选法共有( )种.

(A)1 200 (B)600 (C)400 (D)300 (E)26

【解析】由乘法原理可得,不同的选法共有 $10 \times 5 \times 8 \times 3 = 1\ 200$(种).

【答案】(A)

2. 排列数与组合数

2.1 排列数

(1)排列

从 n 个不同元素中,任意取出 $m(m \leqslant n)$ 个元素,按照一定顺序排成一列,称为从 n 个不同元素中取出 m 个元素的一个排列.

(2)排列数

从 n 个不同元素中取出 m 个元素$(m \leqslant n)$的所有排列的种数,称为从 n 个不同元素中取出 m 个不同元素的排列数,记作 A_n^m.

当 $m = n$ 时,即从 n 个不同元素中取出 n 个元素的排列,称为 n 个元素的全排列,也称 n 的阶乘,用符号 $n!$ 表示.

(3)排列数公式

①规定 $A_n^0 = 1$.

②$A_n^m = n(n-1)(n-2) \cdots (n-m+1) = \dfrac{n!}{(n-m)!}$.

③$A_n^n = n(n-1)(n-2)\cdots 3 \cdot 2 \cdot 1 = n!$.

④$A_n^m = A_n^k \cdot A_{n-k}^{m-k} \ (m \geqslant k)$.

典型例题

例10 此公路上各站之间共有 90 种不同的车票.

(1)一条公路上有 10 个车站，每两站之间都有往返车票.

(2)一条公路上有 9 个车站，每两站之间都有往返车票.

【解析】每两站之间有往返票，则产生了顺序的区别，用排列数.

条件(1)：车票种数为 $A_{10}^2 = 10 \times 9 = 90$（种），充分.

条件(2)：车票种数为 $A_9^2 = 9 \times 8 = 72$（种），不充分.

【答案】(A)

例11 计划在某画廊展示 10 幅不同的画，其中 1 幅水彩画、4 幅油画、5 幅国画，排列一行陈列，要求同一品种的画必须放在一起，并且水彩画不放在两端，那么不同的陈列方式有（　　）种.

(A)$A_4^4 A_5^5$　　　(B)$A_5^3 A_4^4 A_5^5$　　　(C)$A_3^1 A_4^4 A_5^5$　　　(D)$A_2^2 A_4^4 A_5^5$　　　(E)$A_2^2 A_4^2 A_5^5$

【解析】将 4 幅油画捆绑，即 A_4^4；将 5 幅国画捆绑，即 A_5^5；

水彩画放中间，则油画和国画在两边排列，即 A_2^2.

根据乘法原理，可知不同的陈列方式共有 $A_2^2 A_4^4 A_5^5$ 种.

【答案】(D)

2.2　组合数

(1)组合

从 n 个不同元素中任取 $m(m \leqslant n)$ 个元素组成一组（不考虑元素的顺序），称为从 n 个不同元素中任取 m 个元素的一个组合.

(2)组合数

从 n 个不同元素中任取 $m(m \leqslant n)$ 个元素的所有组合的总数，称为从 n 个不同元素中任取 m 个元素的组合数，用符号 C_n^m 表示.

(3)组合数公式

①规定 $C_n^0 = C_n^n = 1$.

②$C_n^m = \dfrac{A_n^m}{m!} = \dfrac{n(n-1)(n-2)\cdots(n-m+1)}{m(m-1)(m-2)\cdots 2 \cdot 1}$，则 $A_n^m = C_n^m \cdot m!$.

③$C_n^m = C_n^{n-m}$.

典型例题

例12 $C_n^4 > C_n^6$.

(1)$n = 10$.　　　　　　　　　　　　　　(2)$n = 9$.

【解析】条件(1)：由组合数公式，可知 $C_{10}^4 = C_{10}^6$，不充分.

条件(2)：$C_9^4=\dfrac{9\times8\times7\times6}{4\times3\times2\times1}=126$，$C_9^6=C_9^3=\dfrac{9\times8\times7}{3\times2\times1}=84$，所以 $C_9^4>C_9^6$，充分.

【答案】(B)

例13 此公路上各站之间共有 90 种不同的车票.

(1)一条公路上有 10 个车站，每两站之间都有单程车票.

(2)一条公路上有 9 个车站，每两站之间都有单程车票.

【解析】每两站之间有单程票，只保证任选 2 站有票即可，不需要讨论站点的顺序，用组合数. 若每两站之间有了往返票，则产生了顺序的区别，要用排列数.

条件(1)：车票种数为 $C_{10}^2=\dfrac{10\times9}{2\times1}=45$(种)，不充分.

条件(2)：车票种数为 $C_9^2=\dfrac{9\times8}{2\times1}=36$(种)，不充分.

两个条件无法联立.

【答案】(E)

例14 某次乒乓球单打比赛中，先将 8 名选手等分为 2 组，进行小组单循环赛. 若一位选手只打了 1 场比赛后因伤退赛，则小组赛的实际比赛场数是(　　)场.

(A)24　　　(B)19　　　(C)12　　　(D)11　　　(E)10

【解析】单循环赛，用组合数.

每两人之间比赛一场，每组 4 人，计划每组进行的比赛数为 $C_4^2=6$(场)；

每人在小组赛内与另外三人各比赛一场，计划每人比赛数为 3 场；

因伤退赛的选手只打了 1 场，故少赛了 2 场.

所以总比赛场数为 $2\times6-2=10$(场).

【答案】(E)

例15 有 1 元、2 元、5 元、10 元、50 元的人民币各一张，取其中的一张或几张，能组成(　　)种不同的币值.

(A)20　　　(B)30　　　(C)31　　　(D)36　　　(E)41

【解析】任取一张、两张、三张、四张、五张组成的均是不同的币值，所以共能组成 $C_5^1+C_5^2+C_5^3+C_5^4+C_5^5=31$(种).

【答案】(C)

例16 某幢楼从二楼到三楼的楼梯共 11 级台阶，上楼可以一步上一级，也可以一步上两级，则不同的上楼方法共有(　　)种.

(A)34　　　(B)55　　　(C)89　　　(D)130　　　(E)144

【解析】设走 m 个一级，n 个二级，则必须有 $m+2n=11$，故需分为以下几类：

$m=1$，$n=5$：一共走 6 步，选其中任意 1 步走 1 级，即 C_6^1；

$m=3$，$n=4$：一共走 7 步，选其中任意 3 步走 1 级，即 C_7^3；

$m=5$，$n=3$：一共走 8 步，选其中任意 5 步走 1 级，即 C_8^5；

$m=7$，$n=2$：一共走 9 步，选其中任意 7 步走 1 级，即 C_9^7；

$m=9$，$n=1$：一共走 10 步，选其中任意 9 步走 1 级，即 C_{10}^9；

$m=11$：走 11 个 1 级，只有 1 种方法.

故上楼方法共有 $C_6^1+C_7^3+C_8^5+C_9^7+C_{10}^9+1=144$（种）.

【答案】(E)

∃. 二项式定理

$$(a+b)^n=C_n^0a^n+C_n^1a^{n-1}b+\cdots+C_n^ka^{n-k}b^k+\cdots+C_n^{n-1}ab^{n-1}+C_n^nb^n,$$

其中第 $k+1$ 项为 $T_{k+1}=C_n^ka^{n-k}b^k$，称为通项.

若令 $a=b=1$，得

$$C_n^0+C_n^1+C_n^2+\cdots+C_n^n=2^n.$$

C_n^0，C_n^1，$\cdots$，C_n^n 称为展开式中的二项式系数，二项式系数具有以下性质：

(1) $C_n^0+C_n^2+C_n^4+\cdots+C_n^n=2^{n-1}$（$n$ 为偶数）；

(2) $C_n^1+C_n^3+C_n^5+\cdots+C_n^n=2^{n-1}$（$n$ 为奇数）；

(3) 当 n 为偶数时，中项的系数最大；当 n 为奇数时，中间两项的系数等值且最大.

典型例题

例 17 在 $(1-x^3)(1+x)^{10}$ 的展开式中，x^5 的系数等于（ ）.

(A) -297 (B) -252 (C) 297 (D) 207 (E) 328

【解析】原式可以化为 $(1+x)^{10}-x^3(1+x)^{10}$.

第一个 $(1+x)^{10}$ 的展开式中 x^5 的系数为 C_{10}^5；

第二个 $(1+x)^{10}$ 的展开式中 x^2 的系数为 C_{10}^2.

故原式展开式中 x^5 的系数为 $C_{10}^5-C_{10}^2=252-45=207$.

【答案】(D)

例 18 $(x^2+1)(x-2)^7$ 的展开式中 x^3 项的系数是（ ）.

(A) $-1\,008$ (B) $1\,008$ (C) 504 (D) -504 (E) 280

【解析】$(x-2)^7$ 的展开式中 x、x^3 的系数分别为 $C_7^1(-2)^6$ 和 $C_7^3(-2)^4$，故 $(x^2+1)(x-2)^7$ 的展开式中 x^3 项的系数为 $C_7^1(-2)^6+C_7^3(-2)^4=1\,008$.

【答案】(B)

● 本节习题自测 ●

1. 办公室有 6 个员工，现每天晚上需要 3 个员工值班，要求每两天值班的人不能完全一样，那么这 6 个人可以有（ ）种不同的值班情况.

(A) 10   (B) 15   (C) 20   (D) 48   (E) 120

2. 甲组有 5 名男同学、3 名女同学；乙组有 6 名男同学、2 名女同学. 若从甲、乙两组中各选出 2

名同学，则选出的 4 人中恰有 1 名女同学的不同选法共有( )种.

(A)150   (B)180   (C)300   (D)345   (E)420

3. 有甲、乙、丙三项任务，甲需 2 人承担，乙、丙各需 1 人承担. 现从 10 人中选派 4 人承担这三项任务，不同的选派方法有( ).

(A)1 260 种   (B)2 025 种   (C)2 520 种

(D)5 040 种   (E)5 080 种

4. 由 0，1，2，3 组成无重复数字的 4 位数，其中 0 不在十位的 4 位数有( )个.

(A)$A_3^1 A_3^3$ (B)$A_2^1 A_3^3$ (C)$A_4^1 A_3^3$

(D)$A_3^1 A_2^2$ (E)以上选项均不正确

5. 共有 432 种不同的排法.

(1)6 个人排成两排，每排 3 人，其中甲、乙两人不在同一排.

(2)6 个人排成一排，其中甲不站排头.

6. $(x - \sqrt{2})^{10}$ 展开式中 x^6 的系数是( ).

(A)$-8C_{10}^6$ (B)$8C_{10}^6$ (C)$-4C_{10}^6$

(D)$4C_{10}^4$ (E)以上选项均不正确

习题详解

1.(C)

【解析】6 个员工选 3 个，可以有 $C_6^3 = 20$(种)不同的值班情况.

【注意】用 C 做运算时，不可能有两次完全一样的结果.

2.(D)

【解析】恰有 1 名女同学，那么这个女同学可能来自甲组，也可能来自乙组，则不同的选法共有

$$C_5^1 C_3^1 C_6^2 + C_5^2 C_6^1 C_2^1 = 345(\text{种}).$$

3.(C)

【解析】先从 10 人中选派出 2 人承担甲任务，再选出 1 人承担乙任务，最后选出 1 人承担丙任务，所以不同的选派方法有 $C_{10}^2 \cdot C_8^1 \cdot C_7^1 = 2 520$(种).

4.(B)

【解析】特殊元素优先法. 先考虑 0，0 不在十位且不能在千位，只能从百位或个位中选，即 A_2^1；再排列其他的三个数，即 A_3^3. 故 0 不在十位的 4 位数有 $A_2^1 A_3^3$ 个.

5.(A)

【解析】条件(1)：分类讨论.

第 1 类：甲在前排，乙在后排，先确定甲、乙的位置，为 $C_3^1 C_3^1$；剩余的 4 人全排列为 A_4^4，故共有 $C_3^1 C_3^1 A_4^4$ 种排法；

第 2 类：甲在后排，乙在前排，同上，共有 $C_3^1 C_3^1 A_4^4$ 种排法.

根据加法原理，不同的排法共有 $C_3^1 C_3^1 A_4^4 + C_3^1 C_3^1 A_4^4 = 432$(种)，所以条件(1)充分.

条件(2)：甲不站排头，因此从其他 5 个人中选一个站在排头，即 C_5^1；剩下 5 个人全排列，即 A_5^5，总方法数为 $C_5^1 A_5^5 = 600$(种)，故条件(2)不充分．

6.（D）

【解析】根据二项式定理，$(a+b)^n$ 的展开式中第 $i+1$ 项为 $T_{i+1} = C_n^i a^{n-i} b^i$，故 $(x-\sqrt{2})^{10}$ 的展开式中第 $i+1$ 项为 $T_{i+1} = C_{10}^i x^{10-i} (-\sqrt{2})^i$．求 x^6 的系数，即 $10-i=6$，则 $i=4$，故 x^6 的系数为 $C_{10}^4 (-\sqrt{2})^4 = 4C_{10}^4$．

第 **3** 节 概率

I. 基本概念

1.1 随机试验

所谓的随机试验是指具有以下 3 个特点的试验：

(1)可以在相同条件下重复进行；

(2)每次试验的可能结果可以不止一个，并且能事先明确试验的所有可能结果；

(3)进行一次试验之前不能确定哪一个结果会出现．

某个随机试验所有可能的结果的集合称为样本空间，记为 S；试验的每个结果，称为样本点．

例如：

定义一个试验为抛掷一枚硬币．这个试验可以重复进行，并且事先可以预测结果是"正"或"反"，但是在抛掷以前不能确定结果是"正"还是"反"，所以这个试验是随机试验．

1.2 事件

样本空间 S 的子集称为随机事件，简称事件．

由一个样本点组成的单个元素的集合，称为基本事件．

如果一个事件，在每次试验中它是必然发生的，称为必然事件，记做 Ω；如果一个事件，在每次试验中都不可能发生，称为不可能事件，记作 $\varnothing$．

1.3 事件的关系与运算

(1)和事件

事件 $A \bigcup B$ 称为事件 A 与事件 B 的和事件，当且仅当事件 A、B 至少有一个发生时，事件 $A \bigcup B$ 发生．

(2)差事件

事件 $A-B$ 称为事件 A 与事件 B 的差事件，即事件 A 发生并且事件 B 不发生，又可记为 $A \bigcap \overline{B}$．

(3)积事件

事件 $A \bigcap B$ 称为事件 A 与事件 B 的积事件，当且仅当事件 A、B 同时发生时，事件 $A \bigcap B$ 发生，$A \cap B$ 有时也记为 AB.

（4）互斥事件

如果 $A \cap B = \varnothing$，则称事件 A 和事件 B 互不相容，或互斥，即指事件 A 与 B 不能同时发生. 基本事件是两两互不相容的.

（5）对立事件

如果 $A \cup B = S$，且 $A \cap B = \varnothing$，称事件 A 与事件 B 互为对立事件，此时，$\overline{A} = B$，$\overline{B} = A$；在每次试验中，事件 A 与 B 必有一个且仅有一个发生.

1.4 概率的概念和性质

在大量重复进行同一试验时，事件 A 发生的频率总是接近某个常数，在它附近摆动，这个常数就是事件 A 的概率 $P(A)$.

事件 A 的概率 $P(A)$ 具有以下性质：

（1）对于每一个事件 A，$0 \leqslant P(A) \leqslant 1$.

（2）对于不可能事件 $P(\varnothing) = 0$.

（3）对于必然事件 $P(\Omega) = 1$.

（4）对任意的两个事件 A，B 有

$$P(A \cup B) = P(A) + P(B) - P(A \cap B).$$

2. 古典概型

如果试验的样本空间只包含有限个基本事件，而且试验中每个基本事件发生的可能性相同，这种试验称为等可能概型或古典概型.

对古典概型，如果样本空间 S 中基本事件的总数是 n，而事件 A 包含的基本事件数为 m，那么事件 A 的概率是

$$P(A) = \frac{m}{n}.$$

典型例题

例19 先后抛掷两枚均匀的硬币，计算：（1）两枚都出现正面的概率；（2）一枚出现正面，一枚出现反面的概率.

【解析】两次抛掷可能出现的结果是"正正""正反""反正""反反"，并且这4种结果出现的可能性都相同，是等可能事件.

（1）设事件 A_1 为"两枚都出现正面"，在4种结果中，事件 A_1 包含的结果只有1种，所以 $P(A_1) = \dfrac{1}{4}$.

（2）设事件 A_2 为"一枚出现正面，一枚出现反面"，在4种结果中，事件 A_2 包含的结果有2种，所以 $P(A_2) = \dfrac{2}{4} = \dfrac{1}{2}$.

【答案】（1）$\dfrac{1}{4}$；（2）$\dfrac{1}{2}$

3. 和事件与对立事件的概率

（1）和事件的概率

①设事件 A_1，A_2，$\cdots$，A_n 两两互不相容，则

$$P(A_1 \bigcup A_2 \bigcup \cdots \bigcup A_n) = P(A_1) + P(A_2) + \cdots + P(A_n).$$

②对任意两个事件 A，B 有

$$P(A \bigcup B) = P(A) + P(B) - P(AB).$$

③对任意三个事件 A，B，C 有

$$P(A \bigcup B \bigcup C) = P(A) + P(B) + P(C) - P(AB) - P(BC) - P(AC) + P(ABC).$$

【注意】

历年真题中关于概率的题目都没有要求直接使用和事件公式进行计算，而是给出具体的某个应用场景，此时，一般直接使用分类讨论法.

（2）对立事件的概率

$$P(A \bigcup \overline{A}) = P(A) + P(\overline{A}) = 1.$$

典型例题

例 20　100 件产品中有 10 件次品，现从中取出 5 件进行检验，则所取的 5 件产品中至多有一件次品的概率约为（　　）.

（A）0.36　　　（B）0.68　　　（C）0.81　　　（D）0.92　　　（E）0.98

【解析】至多有一件次品，可以分成两类：

①只有一件次品的概率为 $\dfrac{C_{10}^1 C_{90}^4}{C_{100}^5}$；

②都是正品的概率为 $\dfrac{C_{90}^5}{C_{100}^5}$.

所以，至多有一件次品的概率为 $P = \dfrac{C_{10}^1 C_{90}^4}{C_{100}^5} + \dfrac{C_{90}^5}{C_{100}^5} \approx 0.92$.

【答案】（D）

例 21　某公司有 9 名工程师，张三是其中之一. 从中任意抽调 4 名组成攻关小组，包括张三的概率是（　　）.

（A）$\dfrac{2}{9}$　　　（B）$\dfrac{2}{5}$　　　（C）$\dfrac{1}{3}$　　　（D）$\dfrac{4}{9}$　　　（E）$\dfrac{5}{9}$

【解析】任意抽调 4 名工程师的总事件为 C_9^4. 先选张三，则再从其余的 8 名工程师中任意选 3 名即可，为 C_8^3.

故任意抽调 4 名组成攻关小组，包括张三的概率为 $P = \dfrac{C_8^3}{C_9^4} = \dfrac{4}{9}$.

【答案】（D）

例22 在36人中，血型情况如下：A型12人，B型10人，AB型8人，O型6人. 若从中随机选出2人，则2人血型相同的概率是( ).

(A)$\dfrac{77}{315}$　　　　　　(B)$\dfrac{44}{315}$　　　　　　(C)$\dfrac{33}{315}$

(D)$\dfrac{9}{122}$　　　　　　(E)以上选项均不正确

【解析】2人血型相同的概率为

$$P=\frac{C_{12}^2+C_{10}^2+C_8^2+C_6^2}{C_{36}^2}=\frac{12\times11+10\times9+8\times7+6\times5}{36\times35}=\frac{77}{315}.$$

【答案】(A)

例23 有五条线段，长度分别为1，3，5，7，9，从中任取三条，能构成三角形的概率是( ).

(A)0.1　　　(B)0.2　　　(C)0.3　　　(D)0.4　　　(E)0.5

【解析】根据三角形两边之和大于第三边，两边之差小于第三边，可知能构成三角形的线段有以下3组：(3，5，7)，(3，7，9)，(5，7，9).

故所求概率为$\dfrac{3}{C_5^3}=0.3.$

【答案】(C)

例24 如图6-7所示，这是一个简单的电路图，S_1，S_2，S_3 表示开关，随机闭合 S_1，S_2，S_3 中的两个，灯泡发光的概率是( ).

(A)$\dfrac{1}{6}$　　　　　　(B)$\dfrac{1}{4}$

(C)$\dfrac{1}{3}$　　　　　　(D)$\dfrac{1}{2}$

(E)$\dfrac{2}{3}$

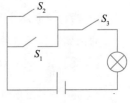

图 6-7

【解析】闭合两个开关，灯泡发光的情况为闭合 S_1、S_3 或 S_2、S_3，共2种情况；闭合两个开关的所有可能情况为闭合 S_1、S_2，S_1、S_3 或 S_2、S_3，共3种情况.

故灯泡发光的概率为$\dfrac{2}{3}.$

【答案】(E)

4. 相互独立事件与伯努利试验

4.1 独立事件的概率

设 A，B 是两个事件，如果事件 A 的发生和事件 B 的发生互不影响，则称两个事件是相互独立的，对于相互独立的事件 A 和 B，有

$$P(AB)=P(A)P(B).$$

独立事件 A，B 至少发生一个的概率为

$$P(A \cup B) = 1 - P(\overline{A})P(\overline{B}).$$

独立事件 A，B 至多发生一个的概率为

$$P(\overline{A} \cup \overline{B}) = 1 - P(A)P(B).$$

这些性质在计算"n 个独立事件至少或至多一个发生"的概率时，是非常有用的.

典型例题

例 25 甲、乙两人各独立投篮一次，如果两人投中的概率分别是 0.6 和 0.5，计算：

(1)两人都投中的概率；

(2)恰有一人投中的概率；

(3)至少有一人投中的概率.

【解析】设"甲投篮一次，投中"为事件 A，"乙投篮一次，投中"为事件 B，据题意 $P(A)=0.6$，$P(B)=0.5$，且事件 A，B 相互独立.

(1)两人都投中的概率为 $P(AB)=P(A)P(B)=0.6 \times 0.5 = 0.3$.

所以两人都投中的概率为 0.3.

(2)恰有一人投中，可以分为两种情况：

甲中且乙不中：$P(A\overline{B})=P(A)P(\overline{B})=0.6 \times (1-0.5)=0.3$；

甲不中且乙中：$P(\overline{A}B)=P(\overline{A})P(B)=(1-0.6) \times 0.5 = 0.2$.

所以恰有一人投中的概率是 $0.3 + 0.2 = 0.5$.

(3)两人都投不中的概率为 $P(\overline{A}\ \overline{B})=P(\overline{A})P(\overline{B})=(1-0.6) \times (1-0.5)=0.2$.

故至少一人投中的概率为 $P = 1 - P(\overline{A}\ \overline{B}) = 1 - 0.2 = 0.8$.

【答案】(1)0.3；(2)0.5；(3)0.8

例 26 一出租车司机从饭店到火车站途经 6 个交通岗，假设他在各交通岗遇到红灯这一事件是相互独立的，并且概率都是 $\dfrac{1}{3}$. 那么这位司机遇到红灯前，已经通过了 2 个交通岗的概率是(　　).

(A) $\dfrac{1}{6}$　　　　(B) $\dfrac{4}{9}$　　　　(C) $\dfrac{4}{27}$　　　　(D) $\dfrac{1}{27}$　　　　(E) $\dfrac{4}{25}$

【解析】本题即为求在第一、第二个交通岗未遇到红灯，在第三个交通岗遇到红灯的概率，故

$$P = \left(1 - \frac{1}{3}\right)\left(1 - \frac{1}{3}\right) \times \frac{1}{3} = \frac{4}{27}.$$

【答案】(C)

4.2 伯努利试验

进行 n 次相同试验，如果每次试验的条件相同，且各试验相互独立，则称其为 n 次独立重复试验.

伯努利试验：在 n 次独立重复试验中，若每次试验的结果只有两种可能，即事件 A 发生或不发生，且每次试验中事件 A 发生的概率都相同，则这样的试验称作 n 重伯努利试验.

在伯努利试验中，设事件 A 发生的概率为 P，则在 n 次试验中事件 A 恰好发生 $k(0 \leqslant k \leqslant n)$

次的概率为

$$P_n(k)=C_n^k P^k(1-P)^{n-k}(k=0,\ 1,\ 2,\ \cdots,\ n).$$

典型例题

例27 某射手射击 1 次,射中目标的概率是 0.9,则他射击 4 次恰好击中目标 3 次的概率约为( ).

(A)0.29　　　　(B)0.38　　　　(C)0.41　　　　(D)0.62　　　　(E)0.78

【解析】根据题意,某射手射击 4 次恰好击中目标 3 次的概率为

$$P_4(3)=C_4^3 P^3(1-P)^{4-3}=4\times0.9^3\times0.1=0.291\ 6\approx0.29.$$

【答案】(A)

例28 张三以卧姿射击 10 次,命中靶子 7 次的概率是 $\dfrac{15}{128}$.

(1)张三以卧姿打靶的命中率是 0.2.

(2)张三以卧姿打靶的命中率是 0.5.

【解析】条件(1):$P=C_{10}^7\times0.2^7\times0.8^3\neq\dfrac{15}{128}$,不充分.

条件(2):$P=C_{10}^7\times0.5^7\times0.5^3=\dfrac{15}{128}$,充分.

【答案】(B)

例29 某乒乓球男子单打决赛在甲、乙两选手间进行比赛,采用 7 局 4 胜制.已知每局比赛甲选手战胜乙选手的概率为 0.7,则甲选手以 4:1 战胜乙的概率为( ).

(A)0.84×0.7^3　　　　　　(B)0.7×0.7^3　　　　　　(C)0.3×0.7^3

(D)0.9×0.7^3　　　　　　(E)以上选项均不正确

【解析】根据题意可知,一共打了五局,前四局中,甲胜 3 局,乙胜 1 局,第 5 局甲获胜.
故甲选手以 4:1 战胜乙的概率为 $P=C_4^3\times0.7^3\times0.3\times0.7=0.84\times0.7^3$.

【答案】(A)

◆ 本节习题自测 ◆

1. 打印一页文件,甲出错的概率是 0.04,乙出错的概率是 0.05,从两人打印的文件中各任取一页,其中恰有一页有错的概率是( ).

(A)0.038　　　　　　(B)0.048　　　　　　(C)0.086

(D)0.096　　　　　　(E)0.02

2. 图书馆新进 3 批新书,每批 100 本,其中每批都有 2 本美术书,现从 3 批新书中各抽取一本,这 3 本书恰有一本美术书的概率为( ).

(A)0.02×0.98^2　　　　(B)$3\times0.02\times0.98^2$　　　　(C)$0.02^2\times0.98$

(D)$3\times0.02^2\times0.98$　　　　(E)$1-3\times0.02^2\times0.98$

3. 掷一均匀硬币 6 次，则出现正面次数多于反面次数的概率为( ).

(A)$\dfrac{5}{16}$　　　(B)$\dfrac{1}{2}$　　　(C)$\dfrac{13}{32}$　　　(D)$\dfrac{11}{32}$　　　(E)$\dfrac{29}{64}$

4. 某小组有 10 名同学，按每年 365 天计，他们之中至少有两人的生日相同的概率是( ).

(A)$1-\dfrac{A_{365}^{10}}{365^{10}}$　　　　　　(B)$\dfrac{A_{365}^{10}}{365^{10}}$　　　　　　(C)$\dfrac{C_{10}^{2}C_{365}^{1}A_{364}^{8}}{365^{10}}$

(D)$\dfrac{C_{10}^{1}C_{9}^{1}C_{365}^{1}A_{364}^{8}}{365^{10}}$　　　　　　(E)以上选项均不正确

5. 甲袋中有 3 只黑球、2 只白球，乙袋中有 2 只黑球、3 只白球，从甲袋中取出 1 只球放入乙袋，再从乙袋中取出 1 只球放入甲袋，经过这样的交换后，甲袋中黑球数不变的概率是( ).

(A)$\dfrac{3}{10}$　　　(B)$\dfrac{8}{15}$　　　(C)$\dfrac{17}{30}$　　　(D)$\dfrac{11}{15}$　　　(E)$\dfrac{23}{30}$

6. 一射手对同一目标独立地进行 4 次射击，若至少命中 1 次的概率是 $\dfrac{80}{81}$，则该射手的命中率是( ).

(A)$\dfrac{1}{9}$　　　(B)$\dfrac{1}{3}$　　　(C)$\dfrac{1}{2}$　　　(D)$\dfrac{2}{3}$　　　(E)$\dfrac{8}{9}$

7. 在伯努利试验中，事件 A 出现的概率为 $\dfrac{1}{3}$，则在此 3 重伯努利试验中，事件 A 出现奇数次的概率是( ).

(A)$\dfrac{2}{27}$　　　(B)$\dfrac{8}{27}$　　　(C)$\dfrac{13}{27}$　　　(D)$\dfrac{1}{2}$　　　(E)$\dfrac{23}{27}$

8. 8 支足球队中有 2 支种子队，把 8 支队任意分成甲、乙两组，每组 4 队，则这 2 支种子队被分在同一组内的概率为( ).

(A)$\dfrac{6}{7}$　　　(B)$\dfrac{1}{2}$　　　(C)$\dfrac{1}{4}$　　　(D)$\dfrac{3}{7}$　　　(E)$\dfrac{1}{3}$

9. 若王先生驾车从家到单位必须经过三个有红绿灯的十字路口，则他没有遇到红灯的概率为 0.125.

(1)他在每一个路口遇到红灯的概率都是 0.5.

(2)他在每一个路口遇到红灯的事件相互独立.

10. 某产品由两道独立工序加工完成，则该产品是合格品的概率大于 0.8.

(1)每道工序的合格率为 0.81.

(2)每道工序的合格率为 0.9.

● 习题详解

1.(C)

【解析】分成 2 种情况：

甲错、乙不错的概率：$0.04 \times (1-0.05)=0.038$；

甲不错、乙错的概率：$(1-0.04)\times0.05=0.048$.

所以，恰有一页有错的概率是 $0.038+0.048=0.086$.

2.（B）

【解析】本题为独立重复试验，抽取 3 次，每次抽到美术书的概率为 0.02，则恰有一本美术书的概率为

$$P_3(1)=C_3^1\times0.02\times(1-0.02)^2=3\times0.02\times0.98^2.$$

3.（D）

【解析】由伯努利概型可知，正、反面次数同样多的概率为

$$C_6^3\left(\frac{1}{2}\right)^3\left(\frac{1}{2}\right)^3=\frac{5}{16}.$$

正面次数多于反面和正面次数少于反面的概率是一样多的，所以，正面次数多于反面次数的概率为

$$\frac{1}{2}\left(1-\frac{5}{16}\right)=\frac{11}{32}.$$

4.（A）

【解析】没有人生日相同的概率为 $\dfrac{A_{365}^{10}}{365^{10}}$，所以，至少有二人生日相同的概率为 $1-\dfrac{A_{365}^{10}}{365^{10}}$.

5.（C）

【解析】设事件 A 表示从甲袋中取到黑球，事件 B 表示从乙袋中取到黑球，则甲袋中黑球数不变的概率为

$$P=P(AB)+P(\bar{A}\,\bar{B})=\frac{3}{5}\times\frac{3}{6}+\frac{2}{5}\times\frac{4}{6}=\frac{17}{30}.$$

6.（D）

【解析】设命中率为 P，可知 4 次射击 1 次也不能命中的概率为 $(1-P)^4$，所以，至少命中 1 次的概率为 $1-(1-P)^4=\dfrac{80}{81}$，解得 $P=\dfrac{2}{3}$.

7.（C）

【解析】由题可知，在 3 重伯努利试验中，事件 A 出现奇数次，即出现 1 次或 3 次，故

$$P=P_3(1)+P_3(3)=C_3^1\times\frac{1}{3}\times\left(\frac{2}{3}\right)^2+C_3^3\times\left(\frac{1}{3}\right)^3=\frac{4}{9}+\frac{1}{27}=\frac{13}{27}.$$

8.（D）

【解析】方法一：甲组分到 2 支种子队，再从 6 支球队中选择 2 支，余下 4 队在乙组，即 $\dfrac{C_2^2C_6^2}{C_8^4}$；

乙组分到 2 支种子队，再从 6 支球队中选择 2 支，余下 4 队在甲组，即 $\dfrac{C_2^2C_6^2}{C_8^4}$. 所以 2 支种子队在同一组的概率为 $2\times\dfrac{C_2^2C_6^2}{C_8^4}=\dfrac{3}{7}$.

方法二：正难则反. 在 2 支种子队中选一队放在甲组，即 C_2^1；再将余下的 6 支队伍中选 3 队放在甲组，即 C_6^3；余下的 4 支球队放乙组. 所以 2 支种子队不在同一组的概率为 $\dfrac{C_2^1C_6^3}{C_8^4}$.

故 2 支种子队在同一组的概率为 $1-\dfrac{C_2^1 C_6^3}{C_8^4}=\dfrac{3}{7}$.

9.（C）

【解析】两条件显然都不充分，故考虑联立.

根据相互独立事件同时发生的概率，他三次没有遇到红灯的概率为 $P=(1-0.5)^3=0.125$，故两个条件联立起来充分.

10.（B）

【解析】由题可知，加工产品的两道工序均合格，产品才是合格品.

条件（1）：产品是合格品的概率为 $0.81\times0.81<0.8$，故条件（1）不充分.

条件（2）：产品是合格品的概率为 $0.9\times0.9=0.81>0.8$，故条件（2）充分.

图书配套服务使用说明

一、图书配套工具库：喵屋

扫码下载"乐学喵 App"
(安卓/iOS 系统均可扫描)

下载乐学喵App后，底部菜单栏找到"喵屋"，在你备考过程中碰到的所有问题在这里都能解决。可以找到答疑老师，可以找到最新备考计划，可以获得最新的考研资讯，可以获得最全的择校信息。

二、各专业配套官方公众号

可扫描下方二维码获得各专业最新资讯和备考指导。

老吕考研
（所有考生均可关注）

专硕考研喵
免费图书课程赠送，
专硕备考最全资讯&干货获取

老吕教你考MBA
（MBA/MPA/MEM/MTA
专业考生可关注）

会计专硕考研喵
（会计专硕、审计
专硕考生可关注）

图书情报硕士考研喵
（图书情报硕士考生可关注）

物流与工业工程考研喵
（物流工程、工业工程
考生可关注）

396经济类联考
（金融、应用统计、税务、
国际商务、保险及资产评估
考生可关注）

三、图书勘误 📖

这里是勘误区，如需答疑，请在"喵屋"首页带话题#数学答疑#或#逻辑答疑#，会有助教老师帮您解答。

扫描获取图书勘误

老吕系列图书编者团队

数学编者团队

- 联考数学资深辅导老师,深谙考试出题动向
- 授课深入浅出、简单易懂、直击命题本质
- 幽默风趣,深受广大考研学子的欢迎和喜爱

罗 瑞

- 985院校毕业,多年联考数学教学经验
- 善于把复杂问题简单化,帮助学生快速解题
- 授课方式简明易懂,深入浅出,深受学员喜爱

刘晓宇

老吕系列图书编者团队

逻辑编者团队

- 联考逻辑一线授课老师,深谙逻辑命题规律与解题技巧
- 尤其擅长逻辑综合推理,帮学生用最短的时间快速解题

张 杰

- 联考逻辑辅导老师,多年逻辑教学经验
- 授课风格简单易懂,突出系统性和技巧化
- 倡导逻辑学习的"分"与"合",更能从宏观上把握各大题型,从而快速解题

侯雅婷

- 联考逻辑资深辅导老师,10余年联考逻辑教学经验
- 独创"三段论秒解技巧",授课突出系统性和技巧性
- 擅长形式逻辑符号化、论证逻辑模型化、分析推理技巧化
- 帮助学生短时间迅速提高成绩,深受学员好评

毋 亮

写作编者团队

- 经济学硕士,多年写作教研经验
- 善用经济学、管理类原理深入剖析时事热点
- 文章观点鲜明有高度,易于套用,有效解决学生写作痛点

芦 苇